バイオ実験

誰もがつまずく失敗&ナットク解決法

大藤道衛 編

羊土社 YODOSHA

羊土社のメールマガジン
「羊土社ニュース」は最新情報をいち早くお手元へお届けします！

主な内容
- 羊土社書籍・フェア・学会出展の最新情報
- 羊土社のプレゼント・キャンペーン情報
- 毎回趣向の違う「今週の目玉」を掲載

●バイオサイエンスの新着情報も充実！
- 人材募集・シンポジウムの新着情報！
- バイオ関連企業・団体の キャンペーンや製品・サービス情報！

いますぐ，ご登録を！ ➡ 羊土社ホームページ　http://www.yodosha.co.jp/
（登録・配信は無料）

序

　実験には「失敗」がつきものです．そもそもバイオ実験の失敗とは何でしょうか？例えば次のような事態になった場合，実験が「失敗」したと考えられます．
　1．試薬の取り扱い，器具・機器操作の誤りから，そもそも実験が成立していなかった（実験者の操作ミス）．
　2．実験操作は正確に行われたが，仮説が"正しいか正しくないか"検証できなかった（実験計画のミス）．

　失敗は時間や金銭の損失を伴います．しかし失敗は，実験者に多くのことを学ばせ，新たな発見に繋がる貴重な機会でもあります．実験初心者は，失敗して初めて機器の操作の誤りや試薬の取り扱い方に気づき，失敗を繰り返すなかでより良い実験計画を立案できるようになります．少し慣れた実験者ならば，失敗したデータを生かすにはどうしたらよいか，これから失敗しないためにはどのように対処したらよいかを考え，実験計画から1つ1つの操作の意味や原理まで見直します．その過程で，実験者のセレンディピティー（Serendipity：思わぬ発見をする才能）により「失敗」から新たな知見が発見されることもあります．失敗を生かして好転できれば本当の「実験力」を身に付けたことになります．
　本書は，バイオ実験で起こりがちな失敗例を通じて，こうした「実験力」を養うことを目指した本です．失敗の対処方法はもちろん，失敗の原因や実験の原理，操作の意味やコツなど，必ず知っておきたい基礎知識を豊富に盛り込んでいます．
　本書で取り上げた「失敗」の例は，試薬調製，遠心機や電気泳動装置などの基本操作から，微生物，細胞・組織，動物の取り扱い，DNA，RNA，タンパク質など材料の調製，廃棄物処理，ラボ管理，データ管理など実験環境に関するものまで，「ささいなミス」から「危険を伴う失敗」まで誰もがつまずく実例です．本書は単なるトラブルシューティング集ではありません．起こってしまった失敗の原因や対処方法を考えることで，正確な実験データを得るためのナットクできる解決方法が掴め「実験力」が養われます．そして，読者のセレンディピティーにより新たな知見を発見できるかもしれません．本書が読者の皆様の実験力向上に役立てば幸いです．
　本書の製作に際しては，編者の意向をくみとっていただき，貴重な原稿をお寄せいただきました執筆者の先生方に謹んで感謝申し上げます．
　また出版にあたり，羊土社編集部望月恭彰様には，企画段階から多大なご尽力をいただき，また編集段階では，大変ご苦労をおかけいたしました．この場を借りて感謝申し上げます．

2008年5月

大藤道衛

本書の構成

本書では，バイオ実験で起こりがちな"ささいなミス"から"危険を伴う失敗"まで，よくある失敗例を取り上げ，対処方法とそのポイント，関連する基礎知識を解説．ケーススタディー形式で，失敗への対応力と実験の基礎力が効率よく身に付きます．

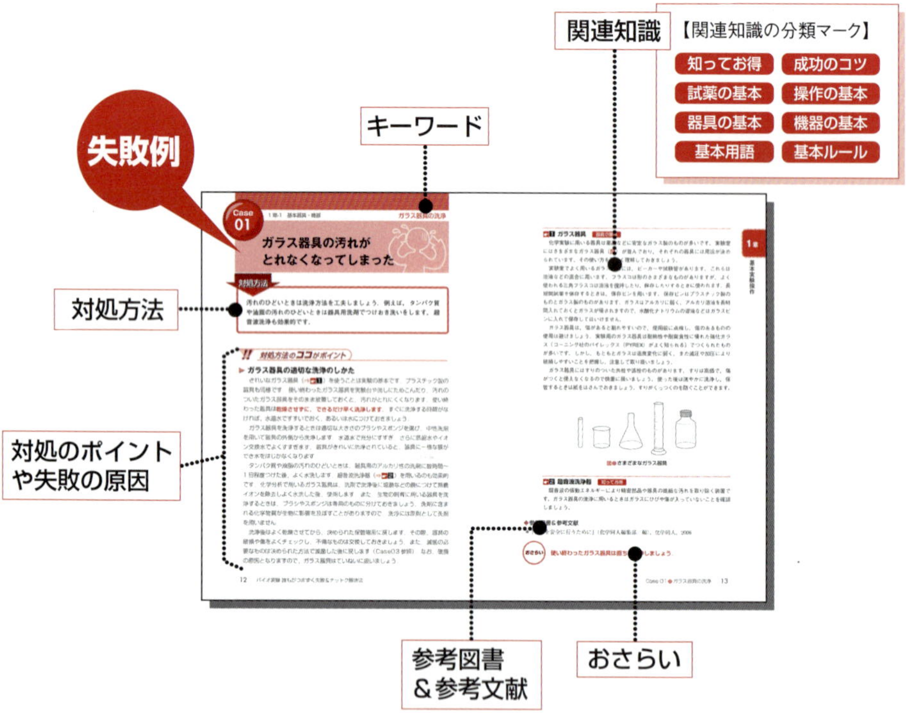

【関連知識の分類マーク】
- 知ってお得
- 成功のコツ
- 試薬の基本
- 操作の基本
- 器具の基本
- 機器の基本
- 基本用語
- 基本ルール

- 失敗例
- キーワード
- 関連知識
- 対処方法
- 対処のポイントや失敗の原因
- 参考図書＆参考文献
- おさらい

目次概略

1章	基本実験操作	11
2章	材料の調製 ――微生物，細胞・組織，動物	81
3章	材料の調製 ――DNA，RNA，タンパク質	145
4章	実験環境	185

Contents

序 3
本書の構成 4

1章 基本実験操作

1. 基本器具・機器

Case 01 ガラス器具の汚れがとれなくなってしまった　　　　ガラス器具の洗浄 ◆ 12
Case 02 固体の試薬を直接メスフラスコに入れてしまった　　　　　　　　体積計 ◆ 14
Case 03 ガラスピペットをオートクレーブ滅菌してしまった　　　　　　器具の滅菌 ◆ 16
Case 04 ポリエチレン製ピペットを使ってクロロホルムを
　　　　分注したら，ピペットが溶けてしまった　　　　　　　プラスチック器具 ◆ 18
Case 05 遠心分離の際，遠心管がこわれ，溶液がこぼれてしまった　　　遠心分離機 ◆ 20
Case 06 オートクレーブをかけたら，噴き出した　　　　　　　　　オートクレーブ ◆ 23

2. 分光光度計

Case 07 吸光度を測定しようとしたら，値が安定しなかった　　分光光度計の使用法 ◆ 25
Case 08 吸光度がばらつき，検量線が直線にならなかった　　　　吸光度と検量線 ◆ 27

3．電気泳動（PAGE）

- **Case 09** SDS-PAGEでバンドが乱れてしまった　　SDS-PAGEバンドの乱れ ◆ 29
- **Case 10** SDS-PAGEで巨大なバンドやテーリング（縦スジ）がみられた
　　SDS-PAGEの試料調製 ◆ 31
- **Case 11** CBB染色が上手くいかなかった　　ゲル染色 ◆ 33

4．電気泳動（アガロース）

- **Case 12** エチジウムブロマイド染色したゲルにUV照射しながら
バンドを切り出していたらバンドが消えてしまった　　ゲルの切り出し ◆ 36
- **Case 13** 高濃度のアガロースゲルをつくろうとしたが，加熱しても溶けなかった
　　アガロースの性質 ◆ 41
- **Case 14** アガロースゲルを蒸留水で作製してしまった　　アガロースゲルの作製 ◆ 43

5．ブロッティング

- **Case 15** ウエスタンブロッティングで，
バックグラウンドノイズが高くなってしまった　　シグナルノイズ比の向上 ◆ 44
- **Case 16** ウエスタンブロッティングでタンパク質が転写されなかった
　　ブロッティング効率 ◆ 46

6．試薬調製

- **Case 17** 試薬を正確に分取・秤量できなかった　　試薬の保存・分取・秤量 ◆ 48
- **Case 18** バッファー調製の際，実験書どおりに混ぜたのに，pHが合わなかった
　　pH調整 ◆ 51
- **Case 19** Tween20の化学名がわからず試薬棚を探してしまった　　化学名と慣用名 ◆ 54
- **Case 20** 試薬を調製しようとしたが，試薬が溶解しなかった　　試薬の溶解 ◆ 56
- **Case 21** タンパク質を水に溶かそうとしたら固まりになってしまった
　　タンパク質の溶解（溶媒和） ◆ 58
- **Case 22** 界面活性剤を水に溶解させようとしたら泡だらけになってしまった
　　界面活性剤の性質 ◆ 62

Contents

7. PCR

Case 23 電気泳動でPCR産物の増幅確認を行ったら，非特異的なバンドが生じていた
　　　　　　　　　　　　　　　　　　　　　　　　　PCRの反応条件 ◆ 66

Case 24 10 kbpのDNAをターゲットにしたPCRを行ったが，
　　　　　増幅産物が得られなかった　　　　　　　　　　長いDNAのPCR ◆ 68

Case 25 試料から抽出したDNAを用いてPCRを行ったが増幅されなかった
　　　　　　　　　　　　　　　　　　　　　　　抽出DNAのPCR増幅 ◆ 70

Case 26 PCRのネガティブコントロールが増えてしまった　　コンタミネーション ◆ 73

8. キット

Case 27 キットの凍結乾燥品を希釈しすぎてしまった　　　　溶液の濃度調整 ◆ 75

Case 28 キットのプロトコールに従ったが上手くいかなかった　キットの推奨プロトコール ◆ 77

Case 29 欲しい試薬やキットが見つからない，選び方がわからない　キットの選び方 ◆ 79

2章　材料の調製 ─微生物，細胞・組織，動物

1. 微生物

Case 30 クリーンベンチでの植え継ぎで最近コンタミが多い　　クリーンベンチ ◆ 82

Case 31 組換え大腸菌のコロニーを冷蔵庫に3カ月放置してしまった　コロニーの保存 ◆ 84

Case 32 土壌から微生物のDNAを抽出しようとしたが，DNAを回収できなかった
　　　　　　　　　　　　　　　　　　　　　　　微生物のDNA抽出 ◆ 87

Case 33 微生物を培養するために寒天培地を用意したが，固まらなかった　寒天培地 ◆ 88

Case 34 植えたはずの微生物が生えてこなかった　　　　　微生物の植菌操作 ◆ 89

Case 35 原理を熟知しているのに酵素をうまく精製できなかった　微生物酵素の精製 ◆ 92

Case 36 カビが胞子を形成しなかった　　　　　　　　　　カビ胞子の形成 ◆ 95

2. 細胞

Case 37 細胞培養していたらカビが生えてしまった　　　　細胞培養とカビ ◆ 101

Case 38 接着細胞を植え継ぎしようとしたら，細胞が容器からはがれなかった
　　　　　　　　　　　　　　　　　　　　　　　　接着細胞の剥離 ◆ 104

Case 39 接着細胞が容器からはがれて死んでしまった　　　接着細胞の培養 ◆ 106
Case 40 培養細胞が増えなかった/増えすぎた　　　培養細胞の維持 ◆ 108
Case 41 細胞数の計数値がばらついた　　　細胞数の計測 ◆ 110
Case 42 細胞の植え継ぎの際，フタを開けた容器の上に手をかざしてしまった
　　　動物細胞の植え継ぎ ◆ 112

3．病理組織

Case 43 パラフィン切片からのDNA抽出がうまくいかなかった　　病理組織からのDNA抽出 ◆ 115
Case 44 パラフィン包埋組織から抽出したDNAを使ったら，
　　　うまくPCRで増幅できなかった　　　病理組織のPCR ◆ 117
Case 45 切片にて組織内のどこが目的の部分なのか判別できなくなった　　　組織の分離 ◆ 119
Case 46 パラフィン切片からのRNA抽出がうまくいかず，PCRがかからなかった
　　　病理組織からのRNA抽出 ◆ 123
Case 47 凍結標本からRNAを抽出したが，壊れてしまった　　　凍結組織からのRNA抽出 ◆ 126
Case 48 パラフィン切片の保存が上手くできていなかった　　　切片の管理 ◆ 128
Case 49 厚い切片を切ったら，パラフィンブロックが壊れてしまった　　　切片の厚さ ◆ 130
Case 50 免疫組織染色で切片が染まらなかった　　　免疫染色 ◆ 132
Case 51 脱パラフィン，または染色中に組織がはがれた　　　操作中の組織の消失 ◆ 134

4．動物

Case 52 実験動物がいなくなった/死んでしまった　　　飼育管理① ◆ 136
Case 53 実験動物のえさの与え方がわからなかった　　　飼育管理② ◆ 139
Case 54 実験中に麻酔が切れてしまった　　　動物の麻酔 ◆ 141

3章　材料の調製 —DNA，RNA，タンパク質

1．タンパク質

Case 55 ELISAで値が以前に比べ大幅に変わってしまった　　　抗体の力価と保存 ◆ 146
Case 56 抗体をマイクロプレートやマイクロビーズに吸着させたら
　　　活性が低下してしまった　　　抗体の疎水吸着 ◆ 149

Contents

Case 57 抗体をアフィニティー精製カラムで精製したが回収率が低かった	抗体の精製 ◆ 151
Case 58 抗体に標識したら活性が著しく低下してしまった	抗体の標識 ◆ 153
Case 59 細胞表面を選択的にタグ標識して抽出したが，アフィニティー精製物に夾雑がみられた	細胞表面のビオチン化 ◆ 156
Case 60 タンパク質間相互作用検出で共免疫沈降がうまくいかなかった	タンパク質間相互作用 ◆ 159
Case 61 タンパク質の定量を行ったが，値が極端に低い/高い/ばらついた	タンパク質の定量 ◆ 166

2．核酸（DNA・RNA）

Case 62 DNAを蒸留水中に保存してしまった	DNAの保存 ◆ 168
Case 63 DNA溶液の凍結融解を繰り返してしまった	DNAの凍結融解 ◆ 170
Case 64 PCR産物のシークエンシングを行ったが，配列を決定できなかった	シークエンシング ◆ 172
Case 65 エタノール沈殿したが，沈殿が全く見えなかった	エタノール沈殿 ◆ 175
Case 66 DNA検体をガラス器具で扱ってしまった	DNAの取り扱い ◆ 178
Case 67 RNAを滅菌していない蒸留水に溶かしてしまった	RNAの溶解 ◆ 179
Case 68 滅菌水に溶解したRNA溶液を冷蔵庫に保存してしまった	RNAの保存 ◆ 181

4章　実験環境

1．試薬管理

Case 69 分液ロートを振っていたら，中身が噴出した	有機溶媒の取り扱い ◆ 186
Case 70 ビンを倒して，塩酸を大量にこぼしてしまった	劇物の取り扱い ◆ 188
Case 71 反対側の実験台の人のRIで被曝してしまった？	RI実験① ◆ 190
Case 72 RI実験中にホットをこぼしてしまった	RI実験② ◆ 192
Case 73 ニンヒドリン反応をしようとしたら，指紋まで染まってしまった	検出試薬の取り扱い ◆ 194
Case 74 生物試料をドライアイスとともに海外に輸送しようとしたが送れなかった	生物由来物質の輸送 ◆ 196

2. 実験室管理

Case 75 ゴミ箱に注射針が入っていて，けがをした　　実験廃棄物 ◆ 198
Case 76 停電でフリーザーの試料が溶解してしまった　　試料の保存 ◆ 200
Case 77 ガスバーナーの火で天井のセンサーが作動してしまった　　実験と火災 ◆ 202
Case 78 使い残しの試薬を水に流したら流しの色が変わってしまった
　　　　　　　　　　　　　　　　　　　試薬の危険有害性と安全管理 ◆ 204
Case 79 実験機器が故障してしまった　　機器の管理 ◆ 207

3. データ管理

Case 80 過去に行った実験データと検体が結びつかなくなった　　実験データの管理 ◆ 213
Case 81 効率が悪く，実験が進まなかった　　実験効率 ◆ 216
Case 82 しまったはずのサンプルが見つからなかった　　サンプル管理 ◆ 218
Case 83 得られたデータを信用してもらえなかった　　測定データの信用性 ◆ 221
Case 84 インターネットに出ていた実験方法を採用したら失敗した　　インターネットの情報 ◆ 223
Case 85 パソコンに保存していた実験データがなくなってしまった　　PC保存データ ◆ 225

付録　バイオ実験お役立ち書籍＋α ……………………………………… 227

索　引 ……………………………………………………………………… 232
執筆者一覧 ………………………………………………………………… 237

Column

① エチジウムブロマイドの廃棄方法 ……………………………………… 38
② 定量的思考のすすめ ……………………………………………………… 65
③ 「実験室」と「現場」のコミュニケーションの大切さ ……………… 97
④ 失敗は成功のもと〜未利用バイオマスを宝に換える新規酵素の発見から学ぶ〜 …… 99
⑤ 組織像をよく見よう ……………………………………………………… 122
⑥ 研究は何より材料づくりが大切．生き物に愛情を！感謝を！ ………… 144
⑦ 架橋剤によるタンパク質の解析 ………………………………………… 162
⑧ ラベル転移法によるタンパク質-タンパク質の相互作用検出 ………… 164
⑨ 遺伝子リテラシー教育 …………………………………………………… 183
⑩ RI実験の心構え …………………………………………………………… 209
⑪ 遺伝子組換え実験を行う心構え ………………………………………… 211

1章

基本実験操作

Case 01〜06	1. 基本器具・機器	12
Case 07〜08	2. 分光光度計	25
Case 09〜11	3. 電気泳動（PAGE）	29
Case 12〜14	4. 電気泳動（アガロース）	36
Case 15〜16	5. ブロッティング	44
Case 17〜22	6. 試薬調製	48
Case 23〜26	7. PCR	66
Case 27〜29	8. キット	75

Case 01

1章-1 基本器具・機器

ガラス器具の洗浄

ガラス器具の汚れがとれなくなってしまった

対処方法

汚れのひどいときは洗浄方法を工夫しましょう．例えば，タンパク質や油脂の汚れのひどいときは器具用洗剤でつけおき洗いをします．超音波洗浄も効果的です．

!! 対処方法のココがポイント

▶ **ガラス器具の適切な洗浄のしかた**

　きれいなガラス器具（⇒ 1）を使うことは実験の基本です．プラスチック製の器具も同様です．使い終わったガラス器具を実験台や流しにためこんだり，汚れのついたガラス器具をそのまま放置しておくと，汚れがとれにくくなります．使い終わった器具は**乾燥させずに，できるだけ早く洗浄します**．すぐに洗浄する時間がなければ，水道水ですすいでおく，あるいは水につけておきましょう．

　ガラス器具を洗浄するときは適切な大きさのブラシやスポンジを選び，中性洗剤を用いて器具の外側から洗浄します．水道水で充分にすすぎ，さらに蒸留水やイオン交換水でよくすすぎます．器具がきれいに洗浄されていると，器具に一様な膜ができ水をはじかなくなります．

　タンパク質や油脂の汚れのひどいときは，器具用のアルカリ性の洗剤に数時間〜1日程度つけた後，よく水洗します．超音波洗浄器（⇒ 2）を用いるのも効果的です．化学分析で用いるガラス器具は，洗剤で洗浄後に塩酸などの酸につけて無機イオンを除去しよく水洗した後，使用します．また，生物の飼育に用いる器具を洗浄するときは，ブラシやスポンジは専用のものに分けておきましょう．洗剤に含まれる化学物質が生物に影響を及ぼすことがありますので，洗浄には原則として洗剤を用いません．

　洗浄後はよく乾燥させてから，決められた保管場所に戻します．その際，器具の破損や傷をよくチェックし，不備なものは交換しておきましょう．また，滅菌の必要なものは決められた方法で滅菌した後に戻します（Case 03 参照）．なお，破損の原因となりますので，ガラス器具はていねいに扱いましょう．

1 ガラス器具 器具の基本

化学実験に用いる器具は薬品などに安定なガラス製のものが多いです．実験室にはさまざまなガラス器具（図）が並んでおり，それぞれの器具には用途が決められています．その使い方を正しく理解しておきましょう．

実験室でよく用いるガラス器具には，ビーカーや試験管があります．これらは溶液などの混合に用います．フラスコは形のさまざまなものがありますが，よく使われる三角フラスコは溶液を撹拌したり，保存したりするときに使われます．長期間試薬を保存するときは，保存ビンを用います．保存ビンはプラスチック製のものとガラス製のものがあります．ガラスはアルカリに弱く，アルカリ溶液を長時間入れておくとガラスが侵されますので，水酸化ナトリウムの溶液などはガラスビンに入れて保存してはいけません．

ガラス器具は，傷があると割れやすいので，使用前に点検し，傷のあるものの使用は避けましょう．実験用のガラス器具は耐熱性や耐腐食性に優れた強化ガラス〔コーニング社のパイレックス（PYREX）がよく知られる〕でつくられたものが多いです．しかし，もともとガラスは温度変化に弱く，また減圧や加圧により破損しやすいことを把握し，注意して取り扱いましょう．

ガラス器具にはすりのついた共栓や活栓のものがあります．すりは高価で，傷がつくと使えなくなるので慎重に扱いましょう．使った後は速やかに洗浄し，保管するときは紙をはさんでおきましょう．すりがくっつくのを防ぐことができます．

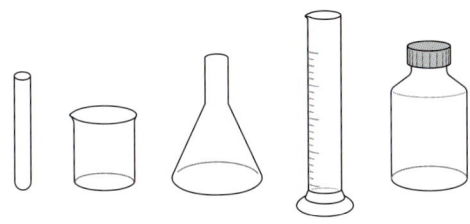

図●さまざまなガラス器具

2 超音波洗浄器 知ってお得

超音波の振動エネルギーにより精密部品や器具の微細な汚れを取り除く装置です．ガラス器具の洗浄に用いるときはガラスにひびや傷が入っていないことを確認しましょう．

◆参考図書＆参考文献
- 『実験を安全に行うために』（化学同人編集部／編），化学同人，2006

 使い終わったガラス器具は直ちに洗浄しましょう．

Case 02

1章-1 基本器具・機器

体積計

固体の試薬を直接メスフラスコに入れてしまった

対処方法

メスフラスコは正確な濃度の溶液を調製するときに用いる器具です．溶解を目的とする器具ではありませんので，溶液を調製しなおしましょう．その際には，まず試薬をビーカーで溶解させてから，メスフラスコに移しメスアップします．

!! 対処方法のココがポイント

▶ 体積計の種類と正しい使い方

メスフラスコは化学用体積計で，溶液保存用のフタつき容器ではありません．**体積計は液体の体積を精密に測定するために用いるガラス器具**で，体積計は材質や形状，検定公差（特定の計量器ごとに定められた許容誤差）がJISに規格化されており，20℃の水に対して一定の体積になるようにつくられています．このような体積計はメスフラスコ以外にメスシリンダー，ホールピペット，メスピペット，ビュレットがあります（図1）．体積計には受用計と出用計（⇒ 1）があり，用途に応じて使い分けます．なかでもメスフラスコやホールピペット，ビュレットは精度が高く，標準試薬の調製や精密分析に使われます．

試薬を調製するとき，固体の試薬を直接メスフラスコやメスシリンダーに入れて溶解させることはしません．メスフラスコは計量器具なので，試薬を溶解させるのに適した形状ではありません．固体の試薬を溶解させるために物理的な力を加えると内部が傷つくおそれがありますし，試薬の溶

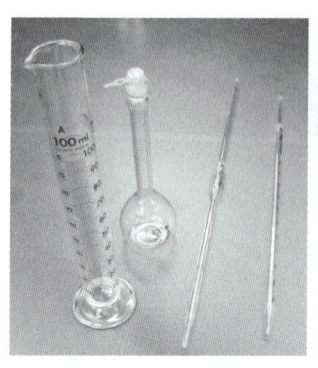

図1 ● さまざまな体積計
（左から）メスシリンダー，メスフラスコ，ホールピペット，メスピペット，ビュレット

解による発熱が起こるかもしれません．器具の体積が変化するおそれがありますので，固体の試薬はメスフラスコには入れません．必ず**ビーカーで溶解させてから，溶液を体積計に移し標線（メニスカス）に合わせます**（⇒ 2，図2）．体積計の内容物は，直ちに保存ビンに移しかえ，体積計を洗浄します．保存ビンには必ず内容物を記したラベルを貼っておきましょう．洗浄するときには，ブラシなどで器具内面をこすったり，加熱乾燥してはいけません．容器の体積が変化するおそれがあります．

　溶液の調製や化学分析において，体積を精密に測ることはとても重要です．これらの器具の特徴や正しい扱い方を理解して使用しましょう．

1 受用計と出用計　器具の基本

受用計：容器に TC（To Contain）の印が表示されています．メスフラスコ，メスシリンダー．溶液を標線まで満たしたときの体積が目的の量になる容器です．

出用計：容器に TD（To Deliver）の印が表示されています．ホールピペット，メスピペット，ビュレット．溶液を排出させたときの体積が目的の量になる容器です．

2 メニスカス　基本用語

　液面の上面，三日月部分のことをいいます．メニスカスに合わせるとは液面のメニスカスの下（下縁）と標線を一致させることをいいます．その際，目線もメニスカスの下に合わせます（図2）．

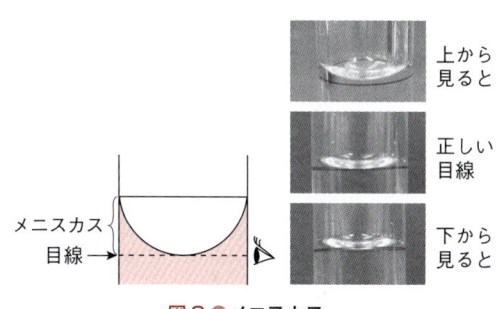

図2 ● メニスカス

◆ 参考図書&参考文献
- 『バイオ実験トラブル解決超基本Q&A』（大藤道衛／著），羊土社，2002
- 『バイオ実験イラストレイテッド①分子生物学実験の基礎』（中山広樹，西方敬人／著），秀潤社，1995

固体の試薬はビーカーに溶解させてから体積計に移します．溶液の体積はメニスカスに合わせます．

Case 02 ● 体積計

Case 03

1章-1 基本器具・機器

器具の滅菌

ガラスピペットを オートクレーブ滅菌してしまった

対処方法

ピペットをオートクレーブで滅菌すると内部に水滴がついてしまうため，さらに乾熱滅菌をして乾燥させる必要が生じます．洗浄したガラスピペットは滅菌缶などに入れて，乾熱滅菌を行えばオートクレーブで滅菌する必要はありません．ただし，ポリスチレン製のピペットやチューブ（これらは通常は使い捨てです）は乾熱滅菌をすると溶けてしまいますので，オートクレーブで滅菌します．

!! 対処方法のココがポイント

▶ 器具や用途に合わせた滅菌法の選択

滅菌とは，細菌，芽胞，ウイルス，カビ，酵母など**すべての微生物を死滅させること**をいいます．殺菌は微生物を死滅させること，消毒は目的の微生物を死滅させることで，どちらも滅菌のように無菌状態にはなりません．DNAやRNAを用いる実験，細胞や組織を培養する実験で用いる器具類や試薬類は滅菌した後，使用します．滅菌の方法には，オートクレーブを用いる方法（⇒**1**），乾熱滅菌（⇒**2**），メンブレンフィルターなどを用いた濾過滅菌，エチレンオキサイドなどを用いたガス滅菌，放射線照射法などがあります（Case30参照）．

ガラス器具は乾熱滅菌を行いますが，滅菌前に充分に洗浄されていなければなりません． 金属などの無機物や，付着した有機物などは滅菌操作で除くことはできないため，洗浄が不充分であれば，確実に実験結果に影響します．またRNAを用いる実験は，すべての試薬や器具を **RNase free にする**（RNaseが存在しない状態にする）必要がありますので，滅菌した後も，扱うときは手袋をはめるなど細心の注意を払わなければなりません．RNaseのコンタミを防ぐためには，ディスポーザブルのピペット類を用いた方がよいですが，RNA抽出などでガラスピペットを用いる必要がある場合は使用時に**乾熱滅菌を行い，RNaseを変性，失活させます**（⇒**2**）．

🖐 1 オートクレーブ（高圧蒸気滅菌器） 操作の基本

　オートクレーブとは，密封した容器内に水を入れ，高温高圧にした水蒸気で器具や溶液を滅菌する装置です．比較的低い温度（121℃）で高い滅菌効果が得られ，乾熱滅菌に向かない試薬ビンのフタやポリプロピレン（PP）製チューブ，PP製ピペットチップなどの滅菌に用いられます（Case 04 表，参照）．水滴がつくので，滅菌後の器具は60℃ぐらいで乾燥させる必要があります．また，プラスチックでも，オートクレーブで変形，変質するものもあるので注意しましょう（Case 04参照）．また，バッファーや培地などの溶液はオートクレーブで滅菌できますが，白く固まったり，突沸のおそれがあるSDSなど界面活性剤が含まれている溶液や，血清や抗生物質など熱変性する成分が含まれている培地は使用できません．

　通常，121℃20分の条件で滅菌を行いますが，インジケーターテープ（滅菌テープ）を利用すると，滅菌済みであることが確認できるので便利です（図）．オートクレーブは高圧をかけるため大変危険な装置ですので，取り扱いには注意し（Case 06参照），時々はオートクレーブ内の掃除も行いましょう．

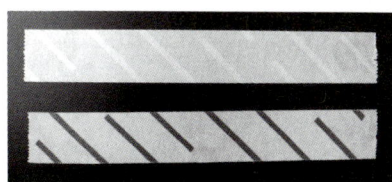

図●インジケーターテープ（滅菌テープ）

🖐 2 乾熱滅菌 操作の基本

　乾熱滅菌とは，高温で加熱することで細菌やカビなどを死滅させることをいいます．乾熱滅菌装置は電気やガスなどにより，200℃以上の高温にする装置で，ガラス器具や金属製品の滅菌やRNaseの変性，失活に用います．プラスチックの製品は溶けるので使えません．

　洗浄後の容器はアルミホイルをかけ，ピペットなど細長いものは滅菌缶に入れて，一般的な滅菌では，160℃で1～2時間，または180℃で30分～1時間加熱します．RNA実験で用いる器具は，180℃で2時間以上加熱します．滅菌効果はオートクレーブの方が乾熱滅菌より優れていますが，RNaseを変性させるためには高温，長時間加熱をする方が効果的です．ただし，RNaseは変性させてももとに戻りやすく，滅菌した器具も唾液や手指などから容易に汚染されるため，滅菌後保管してあった器具は実験直前に再滅菌する慎重さが必要です．

◆参考図書＆参考文献
● 『バイオ実験トラブル解決超基本Q&A』（大藤道衛／著），羊土社，2002

 ガラス器具は乾熱滅菌をします．

Case 04

1章-1 基本器具・機器

プラスチック器具

ポリエチレン製ピペットを使ってクロロホルムを分注したら，ピペットが溶けてしまった

対処方法

ディスポーザブル製品に用いられている多くのプラスチック器具は有機溶媒に対し不安定です．特にクロロホルムは揮発性が高く，ほとんどのプラスチック器具には適しません．ガラスのピペットを用いて分注しましょう．

!! 対処方法のココがポイント

▶ プラスチック器具と有機溶媒の特性

　プラスチックは**有機溶媒や強酸などに不安定なものが多い**ので，実験を行う前にプラスチックの材質の特性や薬剤耐性（⇒ 1）を確認しましょう．

　ガラスピペットはクロロホルムなどの有機溶媒の分注に適していますが，揮発性の高い有機溶媒を吸い上げると，液漏れすることがあります．**何回かピペッティングして，ピペット内の空気を有機溶媒の蒸気で飽和させれば漏れません**．また，マイクロピペットで腐食性の高い有機溶媒や強酸を分注した後は，内部が腐食して故障するのを避けるため，マイクロピペットを分解して内部を洗浄しましょう．最近では，酸，アルカリ，ケトン，エステル類，アルデヒド類などの溶媒の分注に対する耐性が優れているピペットも発売されています（例：ニチペット EX Plus，ニチリョウ）．

　有機溶媒は引火性や毒性（⇒ 2）があるものが多いので，取り扱いや廃棄には注意を払わなければ，思わぬ事故につながります．有機溶媒には，クロロホルムやエーテルなど揮発性が高いものが多いので，取り扱うときには**ドラフト内で行うか，防護メガネやマスクを着用しましょう**．有機溶媒を扱う部屋や貯蔵場所は火気厳禁とし，換気に気をつけてください．また，有機溶媒の廃液はたとえ少量でも決められた廃棄法を守って処分しましょう．ベンゼン，エーテルなど可燃性の有機溶媒廃液を未処理のまま放置すると火災，爆発などの事故の原因となる可能性があります．クロロホルムなどハロゲン系の有機溶媒は，毒性が強いばかりでなく，環境汚染の原因となります．

表● 主要プラスチックの特性

	ポリスチレン (PS)	ポリエチレン (PE)	ポリプロピレン (PP)	ポリカーボネート (PC)	ABS樹脂
透明性	透明	不透明	半透明	透明	不透明
使用温度範囲 (℃)	−10〜90	−80〜100	−80〜130	−130〜140	−20〜110
オートクレーブ	不可	不可	可	可	不可
有機溶媒耐性	×	×[*1]	×[*1]	×	×
酸性耐性	○	○	○	△[*2]	△[*2]
アルカリ性耐性	○	○	○	×	○

○：安定, △：やや安定, ×：不安定
[*1]アルコールには安定. [*2]弱酸には安定. WATSONカタログをもとに作成

1 主要プラスチックの特性 知ってお得

　実験室でよく使われる主要プラスチックの特性を表にまとめました．実際に実験で用いるときは，メーカーのカタログなどを参考にして器具を選択します．なお，表に示してはいませんが，フッ素樹脂（PTFE）は薬剤に対して非常に安定です．しかしPTFEは他のプラスチックに比べて大変高価です．

2 バイオ実験で用いられる有機溶媒 （Case 69 参照） 試薬の基本

【引火性物質】
　有機溶媒の多くは消防法による危険物第4類の引火性物質に分類されており，取り扱いや貯蔵方法に規制があります．
　・特殊引火物：エーテルやアセトアルデヒドなど，きわめて引火しやすい．
　・一般引火物：石油エーテル，ベンゼン，トルエン，キシレン，アルコール類，アセトン，アセトニトリル，キシレン，酢酸エチルなど．

【有毒性物質】
　有機溶媒は麻酔性や腐食性があったり，皮膚，呼吸器などの炎症を引き起こすものも多く，毒物及び劇物取締法によりクロロホルム，四塩化炭素，メタノールなどが毒物や劇物に指定されています．また，労働安全衛生法では，54種の有機溶媒が第1種〜3種有機溶剤に指定され，さらに有機溶剤中毒規則によりその取り扱いが規制されています．
　これらの有機溶媒は，取り扱いの規定が各実験施設で決められていますので，実験前に確認しておきましょう．

　おさらい　有機溶媒を用いた実験にプラスチックを使用するときは，材質と耐性を確認してから実験を行いましょう．

Case 05

1章-1 基本器具・機器

遠心分離機

遠心分離の際，遠心管がこわれ，溶液がこぼれてしまった

対処方法

まずはこぼれた溶液をきれいに拭きとります．次に用いた遠心管が使用するローターや回転数に適していたか，遠心管にひびや亀裂が入っていないか，遠心管が使用する溶媒に適していたか，試料を容器いっぱいに入れていなかったか，を確認しましょう．

!! 対処方法のココがポイント

▶ 遠心機と遠心管の種類

遠心機とは試料に遠心力をかけて分離するために用いられる機器です．試料を分離精製する操作を分別遠心分離，試料の沈降係数を求めるなど物理的な計測のための操作を密度勾配遠心分離といいます．

遠心機は低速遠心機と高速冷却遠心機，超遠心機（⇒ 1, 2, 表1）に大別されます．よく使われるローター（表2）はアングル型とスウィング型ですが，密度勾配遠心分離ではバーティカル型やゾーナル型なども使われます．

遠心管とは，遠心分離を行う際に試料を入れる容器のことをいい，多くの遠心管の底は丸か，コニカル（円錐）型になっています（⇒ 3, 図）．遠心管にはいろいろな形や大きさ，材質のものがあります．**使用するローターや回転数あるいは滅菌の有無に適したものを選びましょう**．特に有機溶媒を用いるときは，使用する溶媒への耐性も確認しましょう．ポリエチレン製やポリカーボネート製のものは有機溶媒に対しては不安定です（Case 04表，参照）．

▶ 遠心分離の際の注意点

ひびや亀裂の入った容器や遠心管は遠心分離している間に破損するおそれがあります．使い捨ての遠心管を再利用するときは，特に注意しましょう．使い終わった遠心管は，速やかに洗浄をします．ただし傷の原因になるのでごしごし洗わないようにしましょう．

表1 ● 遠心機の種類

種類	回転数	用途	その他
低速遠心機	500〜5,000 rpm	細胞や血液の分離	冷却機のついているものとついていないものがある
高速冷却遠心機	〜20,000 rpm	細菌やタンパク質の分離，エタノール沈殿の回収など	
超遠心機	〜100,000 rpm 〜150,000 rpm	ウイルスの単離や濃縮，細胞内構成成分の分画，タンパク質，DNAやRNAの分離など	卓上型と床置型がある

表2 ● ローターの種類

種類	特徴	用途	長所	短所
アングル型（固定角ローター）	ローターが一定の角度に固定されている	試料の濃縮，分画沈殿	遠心速度が速い	沈殿がはがれやすい
スイング型（水平型）	ローターは回転軸に対し垂直に回転する	試料の分離	分離能がよい	長時間の遠心力が必要
バーティカル型（垂直型）	ローターは垂直に固定されている	平衡密度勾配遠心分離	分離時間が短い	目的バンドが沈殿物や浮遊物に接触しやすい
ゾーナル型	回転中に溶液の出し入れができる	密度勾配遠心分離	大容量の試料を処理できる	操作が煩雑

　試料の液量は遠心管いっぱいに入れるとこぼれる原因となります．試料の液量は遠心管の容積の7割以下にしましょう．試料をこぼした際は必ずローターだけではなく，ローター室内もきれいに掃除しておきましょう．

　遠心管は必ずバランスをとり，ローターへは対角線上の位置にセットします．ローターは遠心機に正しくセットし，回転数や温度，ブレーキなどの設定をチェックしてから運転をスタートします．遠心機を回し始めたら，**回転が設定した回転数に達するまでその場にいること**．音をよく聞いて安定して回っていることを確認します．変な音がしたらすぐに回転を止め，確認しましょう．

　遠心分離が終了したら，すぐに試料を取り出さないと，分離した試料がまた分散してしまいます．また，遠心機の止まるのが待てず手で無理やり止めてけがをした例もあります．危険ですからやめましょう．機械の故障の原因にもなります．

　遠心機の誤った使い方をすると目的の試料が得られないばかりか，故障やけがの原因となります．正しい使い方を改めて確認しておきましょう．

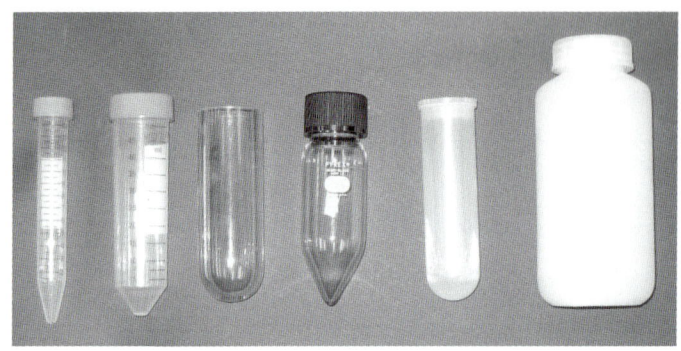

図●さまざまな遠心管

1 超遠心機　機器の基本

　超遠心機では，ローター室内を減圧することによって空気抵抗を減らし，ローターをより高速で回転させることによって非常に大きな遠心加速度を得ることができます．

2 冷却装置　機器の基本

　高速遠心機や超遠心では，運転速度が速く高温になるため冷却装置がついています．低速遠心機では冷却装置のついていないものがありますが，細胞や大腸菌などの試料は低温で遠心分離をします．使用中は凝結しないよう，必ずフタを閉じておきます．使用後は中を拭くか，しばらくフタを開けておき，中を完全に乾かしておきましょう．

3 遠心管と遠沈管　知ってお得

　ほぼ同義語で用いられていますが，特に沈殿を分離するときの容器を遠沈管，あるいは沈殿管といいます．

◆参考図書＆参考文献
- 『アット・ザ・ベンチ』（Kathy Barker／著，中村敏一／訳），pp357-385，メディカル・サイエンス・インターナショナル，2000
- 『バイオ実験イラストレイテッド①分子生物学実験の基礎』（中山広樹，西方敬人／著），秀潤社，1995

　遠心分離をかける前に，遠心管は試料やローターに適しているか，液量は適切かどうか確認しましょう．

Case 06　オートクレーブをかけたら，噴き出した

1章-1　基本器具・機器　　　オートクレーブ

対処方法

あわてず落ち着いて，まずオートクレーブを止めます．フタの隙間から高温の蒸気が吹き出ているときは，やけどをしないように注意します．オートクレーブ内の圧力や温度が充分に下がったら，フタを開けセットしなおします．また，培地などが噴きこぼれた場合は，内部の掃除を行いましょう．

!! 対処方法のココがポイント

▶ オートクレーブの正しいかけ方

　高圧蒸気滅菌とは，オートクレーブを用いて，加圧蒸気で滅菌を行う方法で，一般的には，121℃，蒸気圧1kg/cm^{2}で15〜20分間加熱することで行われます．培養実験などでオートクレーブはよく用いられますが，オートクレーブ内部は高温，高圧になるため，使い方を誤ると大変危険です．取り扱いには充分注意しましょう．

　オートクレーブで滅菌するものはアルミホイルを二重にかぶせます．試薬ビンなどは，フタを**アルミホイルで二重に覆い，キャップをゆるめておきます**．フタをゆるめておかないと，圧力により容器が破損したり，フタが開かなくなったりします．プラスチック製のチューブは，オートクレーブに適さないものもありますので，確認してから使用しましょう（Case 04参照）．例えば，オートクレーブに適さないポリスチレンなどのチューブを滅菌すると，変形したり，破損して粉々になったりします．また，容器の内容物が多すぎると突沸します．**溶液の量は，容器の7〜8分目にしておきます**．

　オートクレーブのフタを閉めるときは，**一度閉めた後，半回転分ゆるめます**．閉め方が足りないと蒸気が漏れます．また，閉めすぎるとパッキンを傷めるので，注意しましょう．パッキンの劣化も蒸気漏れの原因となります．オートクレーブ終了後は，すぐにフタを開けてはいけません．オートクレーブの圧力が上がっていると

きにフタを開けると，高温の蒸気が噴き出し，大変危険です．自然に冷めるまで待ちます．急いでフタを開けるときは，**圧力０，温度80℃以下になっていることを必ず確認しましょう**．軍手をはめてフタを少しずつ開け，蒸気を逃がした後，中のかごを取り出します．排気バルブのついているオートクレーブでは，排気バルブをゆっくり開いた後，同様に中のかごを取り出します．オートクレーブの温度は下がってはいるものの，ビンの中の液体はまだ高温のときがあります．高温の液体を振動させると，突沸することがありますので，気をつけましょう．

1 ガスボンベ　　機器の基本

　実験室にある高圧装置はオートクレーブのほかにもガスボンベがあります．ガスボンベもどこの実験室にも，１本や２本見つけることができるでしょう．例えば，細胞の培養に使うCO_2インキュベーターの横には炭酸ガスのボンベがあります．ガスボンベは使い方を誤ると爆発や火災の原因になります．ガスボンベの扱いについて確認しておきましょう．

　ガスボンベの扱いは，高圧ガス保安法により規定されています．高圧ガス保安法は，高圧ガスの災害を防止するために，高圧ガスの製造，貯蔵，販売，移動その他の取り扱いおよび消費ならびに容器の製造および取り扱いを規制するものです．

　ガスボンベには，キャップ，容器弁，圧力調整器（レギュレーター）がついています．ガスボンベを保存したり，移動したりするときはキャップをしておきましょう．圧力調整器は内部の高いガス圧を，必要な圧力に低下させるものです．ボンベに合った圧力調整器を使いましょう．ボンベは必ず立てて，倒れないよう固定しておきます．高温のところに放置してはいけません．ボンベはガスの種類により容器の色や文字の色が決まっています．また，肩のところにガスの名称，製造番号などが刻印されています．実験室に古いガスボンベや中身のわからないガスボンベが転がっている場合は使用せず，専門の業者に処分を依頼しましょう．

◆参考図書＆参考文献
- 『バイオテクノロジーへの基礎実験』（鈴木隆雄／監修），三共出版，1992
- 『バイオ実験イラストレイテッド①分子生物学実験の基礎』（中山広樹，西方敬人／著），秀潤社，1995
- 『実験を安全に行うために』（化学同人編集部／編），化学同人，2006

オートクレーブは高温，高圧になるため使い方を誤ると危険です．正しい使い方をきちんとマスターしましょう．

Case 07

1章-2 分光光度計

分光光度計の使用法

吸光度を測定しようとしたら，値が安定しなかった

対処方法

電源スイッチを入れた後，光源を選択したら20分以上待ち（ウォームアップ），光源を安定させましょう．また，セルがきちんとセットされているかどうか確認します．ランプが古かったり，切れている場合は直ちに交換しましょう．

!! 対処方法のココがポイント

▶ 分光光度計の正しい使い方

　核酸やタンパク質溶液の濃度測定あるいは呈色反応による物質の定量などの実験では，吸光度を測定します．その際に用いるのが分光光度計（⇒ 1，図1）です．ここではその正しい使用法を確認しておきましょう．測定をするには，まず電源を入れ，光源を選択します．測定する波長が350 nm以上（可視部）ならば可視光ランプ（VIS），350 nm以下（紫外部）ならば紫外光ランプ（UV）を選択し**ウォームアップします**．時間は機種により異なりますが20分以上は待ちましょう．UVランプの方が安定するのに時間がかかります．

　試料溶液はセルに入れます．セルは石英製，ガラス製，使い捨てのプラスチック製のものがあります（図2）．石英製のセルは紫外部，可視部両方の測定ができますが，高価で傷つきやすいので，取り扱いは慎重にします．ガラスやプラスチックのセルは，可視部の測定に用います．いずれのセルも，**光透過面は手で触ってはいけません**．セルが汚れているときは中性洗剤液につけた後，蒸留

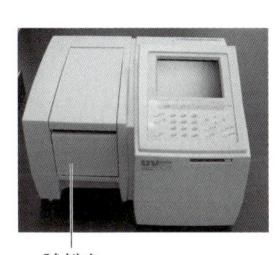 

図1 ● 分光光度計
試料室のフタをあけ，セルホルダーにセルをセットします

水でよくすすぎます．スポンジやブラシを使ってはいけません．汚れが落ちないときは綿棒を使いましょう．洗浄後は風乾するか，エタノールに浸けて保存します．セルに入れる溶液の量は少ない

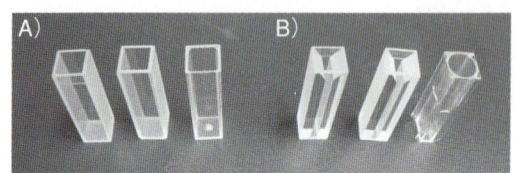

図2 ● 標準セル（A）とマイクロセル（B）
左からガラス製，石英製，プラスチック製

方が試料の節約になりますが，**光路より上までは必ず入れます**．セルには標準セル（光路幅10 mm）のほか，セミマイクロセル（光路幅4 mm），マイクロセル（光路幅2 mm）などがありますので，これらのセルを選べば試料の量を少なくすることができます．

　セルをホルダーにセットするときは透過面が光路の方を向いているか確認しましょう．試料室に試料溶液をこぼした場合はすぐに掃除します．波長をセットし，水またはバッファーを用いて0点調整をした後，試料を測定します．

1 分光光度計　　機器の基本

　分光光度計とは，吸光度や吸収スペクトルの測定に用いられる装置をいい，光源部，分光部，試料室部，測光部からなります．発色した液体の試料に単色光を透過させると，発色の濃さに比例して光が吸収されます．その吸収の度合いを吸光度といい，吸光度から試料中の濃度を求めることができます．また，可視・紫外光を物質に照射すると物質が特有の波長の光を吸収し，生ずるスペクトルから共役二重結合の存在がわかるので，医薬品の純度検定などに用いられます．

【装置の概略】
光源部：可視領域ではタングステンランプ，紫外領域では，重水素放電管が使われています．
分光部：光源から出た光をプリズムにより分光する部分．
試料室部：分光した単色光を試料に透過させます．
測光部：光電子増倍管などを用い，光の量を測定する部分．

　分光光度計には，分光器から出た光がそのままセルを通り検出されるシングルビーム型と，シングルビームと異なり光をハーフミラーにより2つに分け，一方を対照側，もう一方は試料側を通るようにしているダブルビーム型とがあります．

　分光光度計による吸光度測定では，ウォームアップとセルの選択が重要です．

Case 08

1章-2 分光光度計

吸光度と検量線

吸光度がばらつき，検量線が直線にならなかった

対処方法

標準液を正しく調製しなおしましょう．セルが汚れていないことを確認し，濃度の薄い方から吸光度を測定していきます．

!! 対処方法のココがポイント

▶ 吸光度と溶液濃度の関係

　試料溶液中の目的成分に発色試薬を加えて発色させ，その色調の強度を比較して目的成分を定量する方法を比色分析といいます．ランバート・ベール（Lambert-Beer）の法則（⇒ 1）より，**吸光度が試料中の吸光物質の濃度に比例する**ことから，タンパク質濃度測定などさまざまな定量分析に吸光度が用いられます．

　定量分析では，まず，あらかじめ調製した数種類の濃度の標準試料を用いて，濃度と吸光度の関係を求めて「検量線」を作製しておきます（**図1**）．続いて，試料の吸光度を測定し，検量線より濃度を求めます．測定する波長により色調は異なります．

▶ 吸光度のばらつきを抑える方法

　濃度の明らかな溶液を標準液として調製し，それをいくつかの適当な濃度（例えば，×2，×4，×8…あるいは×5，×10，×20…など）に希釈します．このような希釈のしかたを**段階希釈**といいます．正確な段階希釈を行うためには，正確なピペッティングが要求されます．また，標準液あるいは試料を調製する際には，発色試薬を加えて呈色反応を行います．溶液をよく混合させて均一な状態に反応させること，また，酵素反応などインキュベーションが必要な場合にはその条件に従い，各溶液を安定化させることが必要です．標準液の調製後，溶液が均一に呈色しているか？液面の高さは一定か？（容量は一定か？），濃度に応じた色のグラデーションがみられるか？など各試験管の概観をチェックしてみましょう．

　標準液の調製後，吸光度を測定します．この際，**必ず濃度の薄い方から順次行っ**

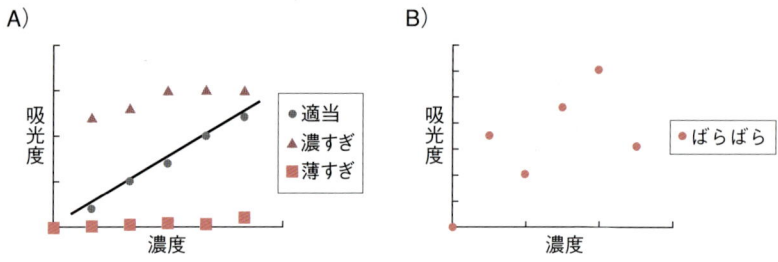

図1●検量線の例
A）標準液の濃度が適当な場合，検量線は直線となります．B）測定値がばらついており直線性を示しません

ていきます．そうすることで，たとえ前の試料が少量混入していても，その影響を最小限にすることができ，セルを共洗いする必要はありません．また，溶液をこぼさないように気をつけます．こぼれた溶液がセルに付着すると誤差の原因になります．これら標準液の吸光度と濃度の関係をグラフにするとある一定の条件下であれば直線になります（図1）．

1 ランバート・ベールの法則　基本用語

溶液の濃度と吸光度の関係をランバート・ベール（Lambert-Beer）の法則といいます（図2）．溶液中を光が透過するとき，入射光をI_0，透過光をIとすると透過率Tは，$T＝I/I_0$で表されます．さらに，吸光度をAとすると，AはA＝－logT＝－logI/I_0で表されます．そこで，モル吸光係数（1モルあたりの吸光度）をε，溶液の濃度をC，セルの厚さをlとすると，$A＝\varepsilon Cl$となり，**溶液の吸光度は溶液の濃度に比例することとなります．**

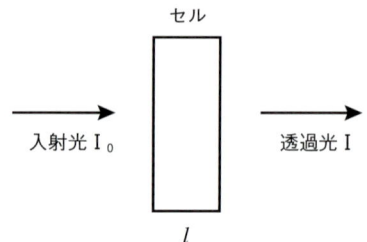

図2●ランバート・ベールの法則

標準液を正確に調製し，きれいなセルを用いて，低濃度から吸光度を測定しましょう．

Case 09

1章-3 電気泳動（PAGE） SDS-PAGEバンドの乱れ

SDS-PAGEで
バンドが乱れてしまった

対処方法

高濃度の塩や界面活性剤，糖鎖や脂質などの不溶性成分，最適pHから大きくはずれた試料はバンドが乱れる原因となります．また試薬の劣化や試料の前処理が不充分な場合にもバンドが乱れます．試料に含まれる阻害物質や不溶性成分は除去して，組成や塩濃度が大きく異なる試料は均一化（ノーマライゼーション）を行います．

!! 対処方法のココがポイント

▶ 泳動パターンに影響を与える要因

　タンパク質は変性作用のある陰イオン界面活性剤SDS（Sodium Dodecyl Sulfate）と還元剤の存在下で加熱することで変性・還元します．SDS-PAGEでは分子内のジスルフィド結合が切断され，立体構造が破壊されたタンパク質の主鎖（ペプチド結合）にSDSが結合することでタンパク質は**SDS結合型のらせん状構造**となり，分子量（ペプチド結合数）に比例した負電荷を与えられ，ゲル内の電場により負極から正極へ移動します．代表的なSDS-PAGEのLaemmli系では，まず架橋度が低い濃縮ゲル内（pH6.8）で，先行する塩素イオンと追いかけるグリシン（pI＝6.03）の間でタンパク質やペプチドは濃縮されます．架橋度の高い分離ゲル（pH8.8）に移ると，ポアサイズの減少によりタンパク質やペプチドの移動度が減少，またゲル内pHの上昇により負電荷が増加したグリシンの移動度が上昇，追い越されたタンパク質のみ等速電気泳動からゾーン電気泳動に移り分子量に応じて分離されます．したがって**極端なpHの試料**ではゲル内の移動度に影響を与え，バンドの乱れの原因になることがあります．**過剰な塩（＞0.5M）を含む試料**も移動度に影響を与えるためバンドの乱れの原因となります（図）．

　還元剤の劣化や還元条件が不充分な場合も，バンドの乱れの原因となります．サンプルバッファーをつくりおきする場合，還元剤は使用直前に別途添加します．また泳動バッファーに微生物が増殖するとノイズの原因になります．阻害物質や過剰

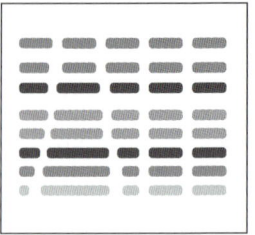
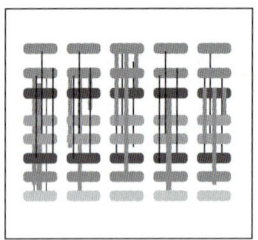
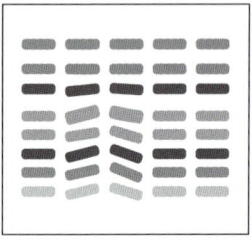

レーン間の塩濃度の差　　　不溶性成分による縦スジ　　気泡や糖・脂質による歪み

図● バンドの乱れとその原因

な塩は除去し（⇒ 🔖**1**），アプライするタンパク質量やバッファー組成を均一化します（Case 10 参照）．

　阻害物質としては，SDS を析出させるグアニジン塩酸やカリウムイオン，非イオン性界面活性剤（10％以上の Triton で SDS の結合阻害），リポタンパク質や糖タンパク質（SDS 結合を阻害して不溶化）などが知られます．

🔖**1** 阻害物質の除去　　操作の基本

　夾雑物質の除去とサンプル濃縮にはトリクロロ酢酸（TCA）沈殿，アセトン沈殿，エタノール沈殿などが従来から利用されています．これらの沈殿法ではタンパク質を沈殿（脱水・変性），上清を廃棄することで，水溶性の夾雑物質を除去します．沈殿したタンパク質は SDS サンプルバッファーで再溶解します．TCA 法はタンパク質の回収率は高いですが変性作用も高いとされ，エタノール沈殿は主にnative-PAGE などの前処理に利用されます．

例）アセトン沈殿

① タンパク質試料に対して 4 倍量の冷アセトン（－20 ℃）を添加する
② ボルテックス後，－20 ℃で 60 分間インキュベーション
③ 13,000 〜 15,000 × g で 10 分間遠心
④ 上清を廃棄（必要であれば，洗浄・沈殿・上清除去を繰り返す）
⑤ 室温で 30 分間アセトンを揮発させる
⑥ SDS サンプルバッファーなどでタンパク質を再溶解する

　アセトン沈殿試薬は自作可能ですが，阻害物質除去と濃縮・バッファー交換を目的とした SDS-PAGE 試料調製キット（SDS-PAGE Sample Preparation Kit, Thermo Fisher PIERCE 社）なども市販されています．

 阻害物質の除去と充分な前処理を行うことで SDS-PAGE の泳動パターンは改善されます．

Case 10　1章-3　電気泳動（PAGE）　SDS-PAGEの試料調製

SDS-PAGEで巨大なバンドやテーリング（縦スジ）がみられた

対処方法

総タンパク質を定量し，アプライする試料に含まれる総タンパク質量を調製します．遠心分離により不溶性の細胞残渣や糖鎖を除去したり，分析に不要なタンパク質をアフィニティー精製で除去します．

!! 対処方法のココがポイント

　SDS-PAGEでの総タンパク質のアプライ量は最大50 μgとされ，精製タンパク質では10〜20 ng，細胞破砕液などクルードな試料ではウェルあたり総タンパク質量10〜20 μgが一般的なアプライ量とされます．過剰なタンパク質がアプライされた場合には泳動パターンが乱れ，逆に少ない場合には染色方法によっては検出ができないこともありますので，必要に応じて試料の前処理（⇒ 1）を行います．

▶ タンパク質の総定量

　試料に含まれる共存物質により定量法を選択します．界面活性剤が含まれる試料ではローリー法をベースとする定量試薬が使用され，還元剤やEDTAなどを含む試料にはブラッドフォード法をベースとする定量試薬が主に使用されます．実際のタンパク質のアプライ量は泳動ゲルや検出方法により異なりますが，**CBB（Coomassie Brilliant Blue）染色ではウェルあたり1〜10 μgのタンパク質（0.1〜1mg/mLタンパク質試料を1〜10 μL程度）が一般的にアプライされます**．タンパク質濃度により試料の濃縮や希釈も行います．

▶ 界面活性剤と還元剤

　還元剤として2-メルカプトエタノール（終濃度5％）やジチオスレイトール（終濃度50 mM），界面活性剤としてはSDS（終濃度2％）が使用されます．これらの試薬を含むサンプルバッファー中でボイルすることによりタンパク質は熱変性し，

分子内のジスルフィド結合は切断され，一次構造をとります．この状態のタンパク質において **SDS はタンパク質 1 g に対して 1.4 g が結合するとされています**．タンパク質が不適当な条件（試薬や時間や温度の不足）で処理されれば，タンパク質の熱変性や還元（ジスルフィド結合切断）や SDS 結合に影響が出ます．電気泳動での移動度は分子の高次構造と電荷に依存しますので，高次構造を部分的に維持したタンパク質や SDS の結合が不均一なタンパク質では泳動パターンに乱れが生じます．

■1 試料の前処理　　成功のコツ

ヒト血清に含まれる総タンパク質量は 70 mg/mL とされ，このうち 75〜85 ％をアルブミン（40 mg/mL）と IgG（10〜15 mg/mL）が占めるとされます．このように分析に必要のないタンパク質が大量に含まれることがあらかじめわかっている試料ではアフィニティー精製などにより不要なタンパク質を除去することもあります．これらの用途にはプロテイン A（IgG 除去），Cibacron-Blue 色素（アルブミン除去）が従来から知られ，二次元電気泳動の解像度を向上させる前処理法としても利用されています．

◆参考図書＆参考文献
- 『電気泳動なるほど Q&A』（大藤道衛／編，日本バイオ・ラッドラボラトリーズ株式会社／協力），pp112-113，羊土社，2005
- 『改訂第 3 版タンパク質実験ノート下巻』（岡田雅人，宮崎　香／編），羊土社，2004
- 『タンパク質研究なるほど Q&A』（戸田年総，平野　久，中村和行／編），pp92-93，羊土社，2005
- 『Protein Purification Protocols』（Doonan, S.），Humana Press，1996
  ⇒タンパク質の精製，抽出，保存に関する参考書です．

SDS-PAGE にアプライする試料は総タンパク質定量を行い，必要であれば濃縮や希釈も行います．

Case 11

1章-3 電気泳動（PAGE） ゲル染色

CBB 染色が上手くいかなかった

対処方法

不充分な洗浄による残存 SDS や誤った条件での染色による色素結合が CBB 染色での問題の原因となります．洗浄・固定・染色の条件を必要に応じて改変することで染色が上手くいく場合もあります．

!! 対処方法のココがポイント

▶ CBB 染色の基本と染色感度を決める条件

CBB（Coomassie Brilliant Blue）色素には CBB G-250 と CBB R-250 があり，両色素ともゲル染色に利用されています．現在では G-250 による染色がより高感度で一般的な手法とされるため，ここでは G-250 に関して触れます．CBB 色素はジスルホン化トリフェニルメタンで，タンパク質を構成する塩基性アミノ酸や疎水性アミノ酸が CBB との結合に関与すると考えられています．**最小検出感度は 10 ng 程度で銀染色（acidic silver）の 1 ng に比べると，感度は落ちますが定量性は高く迅速な検出が可能です**（⇒表1）．

CBB 染色ではゲルの洗浄（CBB の結合を競合阻害する SDS の除去）後，アルコール（ゲル収縮）や酸（静電的結合）によってタンパク質を固定して，遊離色素を供給するコロイド状 CBB 色素と色素結合を促進する硫酸アンモニウム（硫安）を含む染色液で染色，バックグラウンドを除去するのが一般的な手法です（図）．染色液中でコロイド/遊離平衡状態から供給される遊離色素だけがゲル内部に浸透して（静電的または疎水的な相互作用により）タンパク質に結合し，安定なタンパク質-色素複合体を形成するとともに最大吸収波長が変化して青色に呈色します．また遊離色素はタンパク質に対して選択的に結合するため，染色後ゲルを洗浄することによりタンパク質に未結合の色素はゲルから排除されます．**染色液の pH や硫安濃度や溶媒組成**[*1]などが一般的に染色速度や染色強度を決定します．

ほとんどの市販の Colloidal CBB G-250 染色キットは Neuhoff[2)] により最適化された手法に基づき改変されていますが，**1 液タイプの製品では利便性を高めるた**

図● CBB の構造と SDS 化されたタンパク質への結合

めゲル固定剤が染色液にあらかじめ含まれています（表）．このような製品では染色液は固定化と色素結合を同時に行う組成に調製されていますが，前固定を必要に応じて追加することを推奨している製品もあります．

1 CBB 染色ゲルの近赤外蛍光検出　　知ってお得

　IR イメージャーによる近赤外蛍光（NIRF：Near-Infrared Fluorescent）検出が CBB 染色後の 1D/2D ゲルや転写ブロット上で行われています．一般的に近赤外領域での検出はバックグラウンドが低く，CBB を使用した NIRF 検出でも蛍光検出と同等以上の感度が得られるといわれています．通常の CBB 検出下限が 10 ng 程度に対して，近赤外蛍光検出では 1～2 ng（BSA）が検出下限となります．

[1] 酸性 pH での CBB 染色では感度と定量性の向上が知られます．CBB のタンパク質への結合・吸着は静電的・疎水的に行われますが，中性 pH では負に荷電している酸性アミノ酸（アスパラギン酸やグルタミン酸）と CBB が静電的な反発を生じることになります．酸性 pH ではほとんどのアミノ酸がプロトン化されるためタンパク質の全体電荷は正に傾き（またタンパク質の構成アミノ酸に違いによる異種タンパク質間の全体電荷の偏差も少なくなり），感度と定量性が向上します．硫安濃度は対イオンによる負電荷の相殺を目的に，溶媒組成は CBB の遊離色素の平衡を目的に最適化されています．

表●CBBゲル染色での組成の比較

Neuhoffにより最適化された染色法		一般的な1液タイプの染色法	
(w/v)	固定液		
50%	メタノール		
10%	酢酸		
(w/v)	染色液	(w/v)	染色液
10%	硫酸アンモニウム	17%	硫酸アンモニウム
0.1%	Coomassie Brilliant Blue G-250	0.1%	Coomassie Brilliant Blue G-250
2%	オルト・リン酸	3%	オルト・リン酸
20%	メタノール	34%	メタノール

◆ **参考図書＆参考文献**

- 1）『電気泳動なるほどQ&A』（大藤道衛／編，日本バイオ・ラッドラボラトリーズ株式会社／協力），pp183-184，羊土社，2005
- 2）Neuhoff, V. et al.：Clear background and highly sensitive protein staining with Coomassie blue dyes in polyacrylamide gels. Electrophoresis, 6：427-448, 1985
  ⇒CBB染色の条件最適化に関する文献です．
- 3）Miller, I. et al.：Protein stains for proteomic applications: Which, when, why? Proteomics, 6：5385-5408, 2006
  ⇒ゲル染色に関するテクニカルレビューです．

洗浄・固定・染色を充分に（プロトコールに従って）行い，低分子タンパク質などの固定や染色の効率が悪いタンパク質では前固定も行います．

Case 12

1章-4 電気泳動（アガロース） ゲルの切り出し

エチジウムブロマイド染色したゲルにUV照射しながらバンドを切り出していたらバンドが消えてしまった

対処方法

長時間のUV（紫外線）照射を避け短時間で切り出すようにします．バンド数が多く長時間を要する場合は，銀染色を行います．

対処方法のココがポイント

▶ **バンドの退色を避ける方法**

　エチジウムブロマイド（⇒ 1）はDNAと結合しUV（254 nm，305 nm，366 nm）によって蛍光を発しますが，このときエチジウムブロマイドおよびDNAは損傷を受けていきます．このため長時間UVにさらすとバンドが退色し，切り出しを行うことが困難になります．バンドの退色やDNAの損傷を避けるためには，手際よく切り出しを行い**ゲルがUVにさらされる時間を極力短くする**必要があります．感度は落ちるものの長波長（366 nm）にて励起させることで損傷の度合いを下げることも有効です．目的のバンド数が多く，切り出しに時間がかかる場合は，パスツールピペットをバンドに突き刺しゲルをくり抜く方法が有効です（**図**）．パスツールピペット内にくり抜かれたゲル片は，ニップルを使い吹き出すことで簡単にチューブ内に回収できるので，連続的に素早くバンドを回収できます．

　また，**UVを用いずに肉眼でバンドを検出できる銀染色を用いる**ことも有効です（⇒ 2）．銀染色はエチジウムブロマイド染色を行った後のゲルにも利用可能で，一般的にエチジウムブロマイドよりも100倍以上の染色感度があります．

---

1 エチジウムブロマイド 試薬の基本

　エチジウムブロマイドは平板状の構造をもつ化合物で，DNAの塩基対間に平行挿入（インターカレート）することで結合します．ゲルの染色は，0.5 μg/mL 程度の濃度の溶液にゲルを入れ，振とうしながら行います．

　エチジウムブロマイドは変異原性物質であるため，取り扱いには注意が必要で

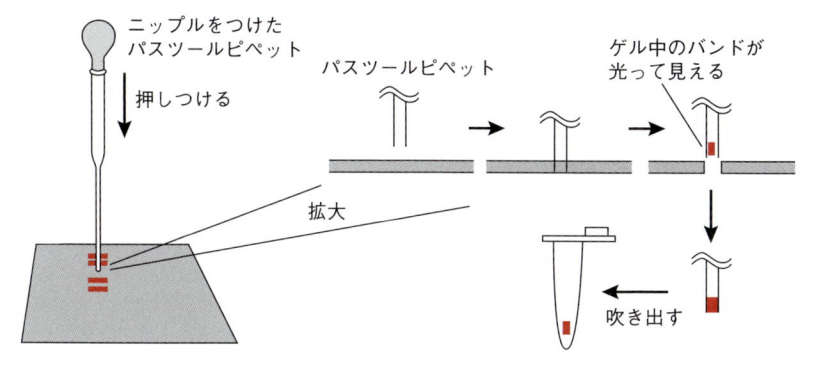

図● パスツールピペットを利用したバンドの回収法

す．染色液や染色したゲルに触れるときは，必ずラボグローブを着用しましょう．また，使用済みの染色液は適切に処理し廃棄しましょう（p.38参照）．

2 銀染色による DNA 染色の原理　知ってお得

　銀染色の原理は，塩基性の条件下において銀アンモニア錯体（プラスチャージ）がマイナスチャージをもつ DNA に結合することを利用しています．DNA と結合した銀アンモニア錯体を還元剤で還元すると銀粒子が形成され黒色に発色します．

　銀染色にはいくつかのバリエーションがありますが，アガロースゲルを染色する場合[*1]，アガロースに銀アンモニア錯体が結合してしまうため，バックグラウンドが高くなる問題点がありました．1987 年に Gottlieb らによって開発された手法[1]を用いるとアガロースゲルもバックグラウンドを抑えて染色することが可能です．この手法では，12 ケイ素タングステン酸を用いています．12 ケイ素タングステン酸は DNA と競合して銀アンモニア錯体と結合するため，アガロースに結合しにくくなります．還元剤の存在下において 12 ケイ素タングステン酸に結合したアンモニア錯体は還元されにくいので，バンドのみが発色しバックグラウンドが低く抑えられます．Gottlieb らの方法に基づくキットも市販されています[*2]．

◆ 参考図書&参考文献
- 1) Gottlieb, M. & Chavko, M.: Anal. Biochem., 165 : 33-37, 1987
  ⇒ Gottlieb らによる銀染色手法オリジナルペーパー．

おさらい　エチジウムブロマイド処理したバンドを切り出す場合は長時間 UV にさらさないように注意します．

[*1] アガロースゲルの銀染色では，ゲルを乾燥させてフィルム状にした後に行います．
[*2] 例：Silver stain plus kit, BioRad 社

Case 12 ● ゲルの切り出し

Column ①

エチジウムブロマイドの廃棄方法

変異原性物質を取り扱う際は，揮発性か否か，使用する濃度と量について考えます．低濃度ならば大丈夫だろうと考える人もいますが，何をもって低濃度とするかの科学的根拠は曖昧です．このため，変異原性物質に関しては調製から使用，廃棄までの方法を決めてから実験に用います．

エチジウムブロマイド（Ethidium Bromide：EtBr, $C_{21}H_{20}BrN_3$, 図1）は，電気泳動したDNA や RNA の染色に古くから用いられています[1]．しかし，EtBr は，Ames 試験[2)3)]で変異原性[*1]をもつことが確かめられており（図2），試薬調製から実験操作，廃棄に至るまで慎重な対応が必要です．特に，廃棄方法については，実験書によりさまざまな方法が示されているため選択に苦慮することがあります．ここでは，廃棄方法を含め EtBr の使用方法について考察してみましょう．

❶ 試薬調製

粉末を量りとるときに吸い込まないように注意します．ポリエチレンコートされた濾紙（ビニール濾紙）を敷いた上に秤を置き，粉末の飛散に注意を払いながら秤量した後，秤の周辺をペーパータオルで拭きとります．なお，粉末を用いない溶液（1 mg/mL）が各社より市販されていますから，溶液を購入する方法もあります．溶液を用いた方が，飛散の心配がなく安全でしょう．

❷ 使用時

直接，皮膚に触れないようにグローブを着用します[*2]．高濃度（1 mg/mL 以上）の原液を用いる場合は，他の人が近づかないように注意します．使用した EtBr を含む廃液，チップや電気泳動ゲルは，他の廃棄物と混じらないように分けておきます．

❸ 使用後の廃棄

EtBr の分解温度は 262 ℃です[5)]．このため，使用した EtBr は最終的に焼却処理することが望まれます．

溶液の場合は EtBr をチャコールに吸着させた[*3]後，焼却処理します．

カートリッジに吸着させ廃棄できる「エチジウムブロマイド回収システム」が市販されていますのでこれらを活用する方法もあります[*4]．また，食品副産物である"オカラ"による吸着除去の報告もあります[6)]．

最近，EtBr Destroyer（Favorgen，チヨダサイエンス取り扱い）という文字通り EtBr を分解し廃棄できる製品が市販されています．ティーバッグタイプとスプレータイプがあり，ティーバッグタイプを用いると 2 リットルの EtBr 溶液が 30 分で処理できます．処理後の溶液を用いた Ames 試験により変異原

[*1] 変異原性物質と発がん性物質：変異原性物質は DNA に損傷を与え，いわゆる DNA 変異を起こす物質です．Ames 試験により検出されます．一方，発がん性物質は，細胞をがん化させる物質を指します．発がん性物質は変異原性をもちますが，変異原性物質には必ずしも発がん性が証明されていない物質もあります．しかし，変異原性のある物質を用いる場合は，発がん性の可能性を考慮して扱います．各々は検査方法の違いで定義されています．

[*2] ラボグローブ：グローブを脱ぐときは，グローブ表面を素手で触らないようにします（図3）．しかし，グローブをはめることで安心してしまい，操作が雑になっては本末転倒です．乱暴な言い方ですが，はじめは，グローブなしで作業して作業手順を点検しながら，緊張感をもって学んでもよいくらいです．

[*3] チャコールによる溶液中の EtBr 吸着処理方法[5)]：100 mL 溶液に対し，チャコールパウダー 100 mg を添加後，室温 1 時間放置．Whatman No.1 濾紙にて濾過した後，チャコールパウダーを含む濾紙を焼却廃棄します．

[*4] EtBr 吸着処理用市販キット例：EtBr GreenBag™ Disposal Kit (Qbiogene 社)，Extractor EtBr system (Whatman 社)

図1● EtBrとDNAの結合
EtBrは，平面構造でプラスの電荷をもつインターカレーターです．このため，DNAのマイナス電荷と引き合いながら，二本鎖内部にある塩基対の隙間に入り込み安定化します

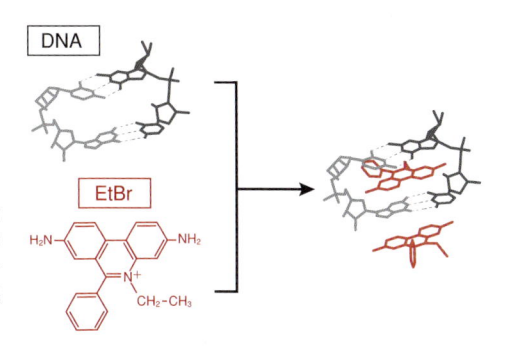

図2● Ames試験によるSYBR Green IとEtBrの変異原性試験[4]
テストに用いたサルモネラ菌株により変異原性が示されています．DNA・RNA染色試薬であるSYBR GreenもTA102株で変異原性が認められています

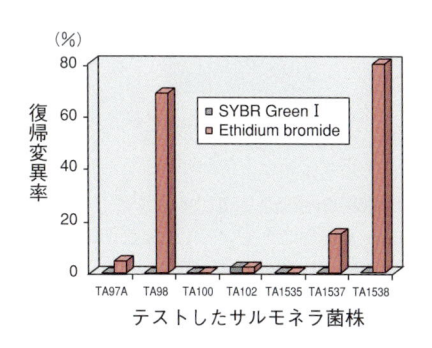

性が検出されないことが示されています[7]．
一方，EtBr溶液を，1％次亜塩素酸にて処理する方法もあります．しかし，次亜塩素酸処理については，EtBrが脱色し，肝ミクロソーム分画を介したAmes試験による変異原性は低下するものの，肝ミクロソーム分画を介さずに変異原性をもつより危険な化合物にEtBrが変化するとの報告[5]があり，現在では推奨されていません．
EtBrを含むゲルの場合は密閉できる容器に集め，焼却分解する必要があります．医療廃棄物処理会社に依頼することも可能です．

【参考】EtBr以外に広く用いられている核酸染色試薬

核酸の検出には，EtBrと並びSYBR Green I（二本鎖DNA染色用），II（RNAなど一本鎖核酸染色用）色素も広く用いられています．SYBR Green I，IIはMolecular Probes Invitrogen社の製品です．同社の製品には，より安全性が高いといわれているSYBR Safeがあります．SYBR SafeはAmes試験による変異原性はEtBrより低く，米国Resource Conservation and Recovery Act 資源保護回復法（RCRA）では，「危険性なし」に分類されています（同社URL http://www.invitrogen.co.jp/products/molecularprobe/s33100001.shtml）．
以下にSYBR Greenの取り扱い方や化学構造について示します．

● SYBR Green I，IIの取り扱い
SYBR Green I，II原液は，DMSO（ジメチルスルホキシド）に溶解されています．このため，DMSOとともに皮膚を通じ組織内に浸透する可能性があるため，手袋を着用して扱います．

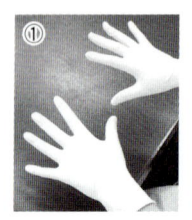

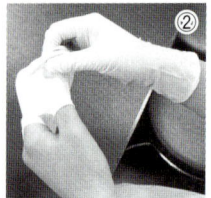

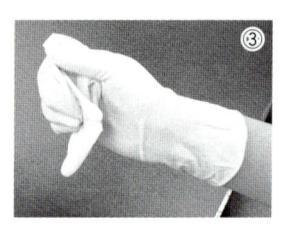

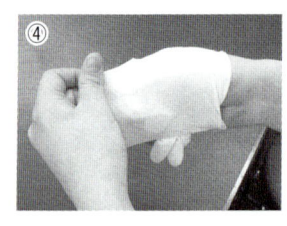

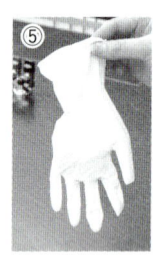

図3 ●ラボグローブの表面に素手で触れないはずし方

①手袋を着用した状態．②片方の手袋を取り外します．③②で外した手袋をもう一方の手袋で丸め込みます．④もう一方の手袋が入った状態で手袋を脱ぎます．⑤片方の手袋にもう一方の手袋が入った状態で廃棄します．このようなはずし方をすることで手袋の表面を，素手で触らずに済みます

● SYBR GreenⅠ，Ⅱの廃棄方法

EtBrと同様にチャコールに吸着させ，吸着後のチャコールを焼却します．

● SYBR Greenの化学構造について

Zipper等は，SYBR Greenの化学構造を報告しています[8]．また，DNAとの結合メカニズムとしては，インターカレーターとしてDNAに結合した後，マイナーグローブに移行して蛍光強度を増すとの報告があります[9]．

● SYBR Greenの変異原性

Ames試験により，変異原性が確認されていますが，EtBrに比べると変異原性を示す菌株が異なります（図2）．

◆参考図書＆参考文献

- 1）『Molecular Cloning：A Laboratory Manual』(Sambrook, J. et al.)，Cold Spring Harbor Laboratory Press, 1982
- 2）Ames, B. N. et al.：An Improved Bacterial Test System for the Detection and Classification of Mutagens and Carcinogens. Proc. Natl. Acad. Sci. USA, 70：782-786, 1973
- 3）Ames, B. N. et al.：Carcinogens are Mutagens: A Simple Test System Combining Liver Homogenates for Activation and Bacteria for Detection. Proc. Natl. Acad. Sci. USA, 70：2281-2285, 1973
- 4）Singer, V. L. et al.：Comparison of SYBR Green I nucleic acid gel stain mutagenicity and ethidium bromide mutagenicity in the Salmonella/mammalian microsome reverse mutation assay (Ames test). Mutat. Res., 439：37-47, 1999
- 5）『Molecular Cloning 3rd ed.』(Sambrook, J. & Russell, D. W.), A8.28 Notes, Cold Spring Harbor Laboratory Press, 2001
- 6）藤原信明，増井昭彦：エチジウムブロマイドの簡単明瞭な処理方法．生物工学会誌，85：498-499, 2007
- 7）Chih-Ying, H. et al.：Remove Ethidium bromide by EtBr destroyer and Mutagenicity of End-products. The 39th Annual Meeting of the Chinese Society of Microbiology, 2005
- 8）Zipper, H. et al.：Investigations on DNA intercalation and surface binding by SYBR Green I, its structure determination and methodological implications. Nuc. Acids Res., 32：e103, 2004
- 9）Giglio, S. et al.：Demonstration of preferential binding of SYBR Green I to specific DNA fragments in real time multiplex PCR. Nuc. Acids Res., 31：e136, 2003

（大藤道衛）

Case 13

1章-4 電気泳動（アガロース） アガロースの性質

高濃度のアガロースゲルをつくろうとしたが，加熱しても溶けなかった

対処方法

アガロースは製品によって融解可能な濃度や温度が異なります．充分加熱しても完全に融解しない場合は，その製品が融解可能な濃度以上のゲルを作製しようとしている可能性があります．製品情報を調べ，用途に適した製品を購入しましょう．また，低分子のDNAを高い分離能で電気泳動するために高濃度のゲルが必要な場合は，ポリアクリルアミドゲル電気泳動（PAGE）による解析を行いましょう．

!! 対処方法のココがポイント

▶ アガロースとポリアクリルアミドの使い分け

核酸の電気泳動（⇒ 🔴1）を行うためにはさまざまなアガロースが市販されています．各製品の特徴を理解し，目的に応じたアガロースを購入しましょう（**表1**）．一般的に**アガロースは精製度が高いほど融解できる最大濃度が高くなります**．しかし，精製度の高い製品は価格も高いので，節約する場合はPAGEで解析を行うとよいでしょう．また，アガロースゲルは簡便にゲルを作製できるため便利ですが，高い精製度の製品を用いても**最大でつくれるゲル濃度が約5％程度**であるため，低分子DNAの分離能には限界があります．一方，ポリアクリルアミドゲルはアガロースゲルよりも細かい分子ふるいのゲルを作製することが可能なので，PAGEでは低分子DNAを高い分離能で電気泳動できます（**表2，3**）．

🔴1 さまざまな核酸の電気泳動　　操作の基本

【アガロースゲル電気泳動（agarose gel electrophoresis）】
　β-D-ガラクトースと3,6-アンヒドロ-α-L-ガラクトースが結合しあい分子ふるいを形成したアガロースゲルを担体として行う電気泳動法．PCR産物の電気泳動に用いられます．

【ポリアクリルアミドゲル電気泳動（PAGE：polyacrylamide gel electrophoresis）】
　アクリルアミドとN, N'-メチレンビスアクリルアミドが重合し形成された分子ふ

表1 ● アガロースの種類と使用目的

使用目的	種類	代表的な製品
高濃度（3～5％）のアガロースゲルを作製する （1,000 bp以下の低分子DNAを分離）	高精製度タイプ	NuSieve® 3：1 Agarose
低濃度（0.5～2％）のアガロースゲルを作製する （1,000 bp以上の高分子DNAを分離）	高強度タイプ	SeaKem® GTG® Agarose
電気泳動後のバンドを切り出し，融解してDNAの抽出を行う	低融点タイプ	NuSieve® GTG® Agarose （高精製度タイプ） SeaPlaque® GTG® Agarose （高強度タイプ）
パルスフィールド電気泳動を行う	パルスフィールド電気泳動用	SeaKem® Gold Agarose

表2 ● アガロースゲル濃度と塩基対数（DNA）

アガロースゲル濃度（％）	分離可能なDNAの大きさ（bp）
0.7	800～10,000
0.9	500～7,000
1.2	400～6,000
1.5	200～3,000
2	100～2,000
3	70～1,500
4	40～900
5	30～600

表3 ● PAGEのゲル濃度と塩基対数（DNA）

ポリアクリルアミドゲル濃度（％）	分離可能なDNAの大きさ（bp）
5	100～500
10	50～300
12	40～200
15	25～150

アクリルアミド：ビスアクリルアミド＝29：1のゲルを用いた場合

るいからなるゲルを担体とした電気泳動法．タンパク質や比較的短いDNA（短いPCR産物，プライマー，プローブ）の電気泳動を行うときに用いられます．

【パルスフィールド電気泳動（PFGE：pulse field gel electrophoresis）】
　微生物のゲノムDNAなどの高分子の電気泳動に用いられる電気泳動法．アガロースゲル電気泳動では30kb以上の高分子DNAは泳動中に絡まってしまうため電気泳動で分離することができません．PFGEではアガロースゲルに2方向から交互に電場をかけ電気泳動を行うことにより，絡まったDNAをほどいた状態で電気泳動するため高分子DNAの分離が可能です．

◆参考図書＆参考文献
- 『電気泳動なるほどQ&A』（大藤道衛／編，日本バイオ・ラッドラボラトリーズ株式会社／協力），羊土社，2004

おさらい　高濃度のアガロースゲルを作製する場合は適した製品を選定します．低分子のDNAを高い分離能で電気泳動したい場合はPAGEを利用しましょう．

Case 14

1章-4 電気泳動（アガロース）　　アガロースゲルの作製

アガロースゲルを蒸留水で作製してしまった

対処方法

急いでいるときは適切な泳動バッファーを用いてゲルを調製しなおします．急いでいないときはゲルをバッファーに浸して一晩保存した後，電気泳動を行います．

!! 対処方法のココがポイント

▶ アガロースゲル作製に用いる溶液

電気泳動は，バッファーなどの電解質の入った溶液中に電場を生じさせることで，電荷をもった分子が移動する現象です．このためアガロースゲルは**泳動バッファー（表）を用いて調製する**必要があります．蒸留水で作製したゲル中には電解質が含まれないため，ゲル内には正常に電場が生じず電気泳動が正常に行われません．

間違って蒸留水で調製してしまった場合，ゲルをバッファー中で一晩保存することで電解質がゲル中に浸透し，電気泳動に用いることが可能になります．エチジウムブロマイド入りのゲルを作製した場合は，拡散を防ぐためゲル内と同じ濃度のエチジウムブロマイドを添加したバッファー中に保存します．

表●アガロースゲル電気泳動に用いられる泳動バッファーの組成

バッファーの種類	組成
Tris-acetate EDTA（TAE）Buffer	40 mM Tris-acetate pH 7.8, 1 mM EDTA
Tris-borate EDTA（TBE）Buffer	89 mM Tris, 89 mM Boric acid, 2 mM EDTA

TBEはTAEよりもDNAの泳動速度が速いという特徴があります．また，TBEはTAEよりもイオン強度が高いため，高濃度のストック溶液をつくると塩が析出してしまうことがあります．ストックはTAEで×50まで，TBEで×10までの濃度で用意するとよいでしょう．コストを考えた場合はTBEよりもTAEの方が安く電気泳動を行うことができます

おさらい　アガロースゲルは電解質を含むバッファーで調製します．

Case 15

1章-5 ブロッティング　　シグナルノイズ比の向上

ウエスタンブロッティングで，バックグラウンドノイズが高くなってしまった

対処方法

ウエスタンブロッティングでは検出感度が上昇すると，抗原特異的なシグナルだけでなくタンパク質のバックグラウンドノイズも増幅されます．抗体希釈率やブロッキング剤を最適化することで抗体の非特異的結合を最小化して，ノイズを軽減すれば露光時間を延長することもできるので，感度の上昇にもつながります．

!! 対処方法のココがポイント

▶ ウエスタンブロッティングで非特異的なシグナルを軽減する方法

抗体が非特異的に結合・吸着する部位として，転写膜および膜に吸着しているブロッキング剤の成分（ブロッカー）があります．ブロッキングが不充分であったり，変性した抗体が膜に結合したり，転写膜上のブロッカーに高濃度抗体が吸着したり特異性の低い抗体が結合したりして，非特異的なシグナル（ノイズ）となっていることが考えられます（図）．

市販抗体のプロトコールに記載されているウエスタンブロットの推奨希釈率は発色法を前提にしていることもあります．化学発光検出での抗体希釈率は化学発光基質の製造元の推奨希釈率に従います．高いバックグラウンドノイズが確認された場合，**抗体剥離バッファーで抗体を剥離（⇒ 1）して，抗体濃度を下げ再度抗原抗体を行う（再プローブする）** ことで，改善できる場合もあります．

ブロッキング剤の最適化には転写膜のみをオーバーナイトでブロックして抗体との反応を確認します．シグナルが検出されれば一次抗体や二次抗体がブロッカーと反応していることになります．抗体希釈率や洗浄条件（回数や界面活性剤）で改善できない場合には，抗体やブロッカーを変更します．

万能なブロッカーは存在しません．**最も高いシグナルノイズ比（S/N比）が得られるブロッカーは各系で異なります．** BSAやゼラチンは代表的なブロッカーで，ほ

とんどの系でバックグラウンドノイズを低く抑えることができますが，推奨濃度である1〜3％でも抗原をマスクしてシグナルが減衰することがあります．

抗体の希釈にはブロッキングに使用したブロッカーと同じものを使用し，さらに少量の界面活性剤（0.05％程度のTween20など）を添加して抗体の非特異的吸着を抑えます．

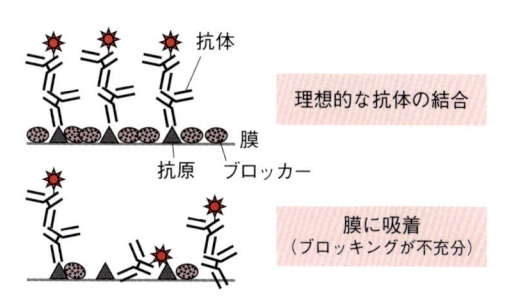

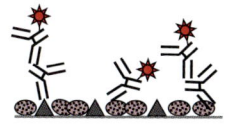

図● ウエスタンブロッティングでの抗原と抗体

1 抗体剥離剤　成功のコツ

抗体希釈率の最適化や異なる抗原を検出するために使用されます．メルカプタンを含む中性pHバッファー（例：50 mM DTT，2％ SDS，50 mM Tris・HCl，pH7.0，30分@70℃）でインキュベーションする方法が従来から知られています．ただ，この抗体剥離は非常に変性的な条件で行われるため，抗原の変性や剥離を伴い再プローブした際のシグナルが減衰することがあります．アフィニティー精製でも採用されるような抗原-抗体だけを解離させるマイルドな条件（0.1M glycine・HCl，pH 2.5〜3.0，30分@室温or 37℃）が現在では一般的なようです．ただし，剥離条件は抗体の結合強度に依存するため，高親和性抗体（抗アクチン抗体など）では強い変性条件を必要とする場合もあります．

◆参考図書＆参考文献

- 『改訂第3版タンパク質実験ノート下巻』（岡田雅人，宮崎　香／編），pp44-47，羊土社，2004
- 『Chemiluminescent Western Blotting Technical Guide and Protocols』，Thermo Fisher PIERCE⇒ウエスタンブロッティング化学発光検出のテクニカルガイド（ブロシュア）．
- 『Strip and Reprobe Western Blot』，Thermo Fisher PIERCE⇒ウエスタンブロッティングでの抗体の剥離と再プローブに関するテクニカルガイド．

おさらい 抗体希釈率の最適化やブロッキング剤を変更することで，バックグラウンドノイズは軽減します．

Case 15 ● シグナルノイズ比の向上

Case 16　1章-5　ブロッティング　　ブロッティング効率

ウエスタンブロッティングでタンパク質が転写されなかった

対処方法

転写膜，転写バッファー組成，メタノール濃度を検討します．また，時間や電流/電圧が適正であるにもかかわらず転写が上手くいかない場合，タンパク質の分子量が関係していることもあります．泳動後ゲルのCBB染色やブロッティング後の転写膜のポンソー染色を行い，転写効率の評価を行います．

!! 対処方法のココがポイント

▶ 転写効率を改善する方法

　ポンソー染色した転写膜上に目的のタンパク質バンドが見えない場合，そのタンパク質は泳動ゲルに残っているか，転写膜を突き抜けた可能性があります．転写後の泳動ゲルもCBB染色してバンドを確認して状況を把握します．

【泳動後のゲルにタンパク質が確認された場合】
　転写効率に問題がある可能性があります．転写効率が低い高分子量タンパク質では，転写バッファーへのSDS添加による溶出促進が行われることもあります．

【泳動後のゲルにタンパク質が確認されない場合】
　低分子量タンパク質が転写膜を突き抜けた可能性も考えられ，これは転写膜を2枚重ねにすることで確認できます．
　転写バッファーにはメタノールが添加されますが，これはタンパク質を膜に吸着させるためです．ただし**メタノールはゲル染色の際の固定でも使用されるように，タンパク質をゲル内部に固定する作用もあり，ゲルから抜けにくくなり転写効率も低下させます**．高分子量タンパク質には5〜10％程度のメタノール，低分子量タンパク質には20％程度のメタノールが添加されます．ニトロセルロース膜はPVDF膜と比べると吸着力が弱いことが知られていますので，吸着力が弱いとされる低分子量タンパク質（20〜30kD以下）を転写する場合にはPVDF膜が使用されます．またポアサイズを0.45μmから0.22μmに変更することで改善されること

もあります．

　タンパク質の代表的な泳動法であるLaemmli-SDS-PAGE（Tris-Glycine）は低分子の分離には適していません．これは分離ゲルでグリシンが低分子量タンパク質を追い越せず低分子量タンパク質バンドはスタックされた状態でプラス電極側に移動することが原因とされます．**Laemmliでは30kD以上のタンパク質の分離に適しており，30kD以下のタンパク質を分離する場合にはTricine-SDS-PAGEが使用されます**．低分子側のバンドが消失している場合Tricine-SDS-PAGEを行うことにより改善されることもあります．

■1 In-Gel Western　知ってお得

　転写困難なタンパク質をゲル内で抗体を用いて特異的に検出する方法もあります．これはIn-Gel Westernと呼ばれ，アルコールで固定後の泳動ゲル上のタンパク質に，直接一次抗体を反応させます．転写効率が低いタンパク質（高分子量タンパク質，疎水性タンパク質，翻訳後修飾を受けたタンパク質），吸着力が弱い低分子量タンパク質の検出で有効とされます．従来は検出感度が低く操作も煩雑で一般的な手法ではありませんでしたが，現在は化学発光検出により感度を向上させ使いやすくしたキット（UnBlot In-Gel Chemiluminescent Detection Kit, Thermo Fisher PIERCE社）も登場しています．

◆**参考図書＆参考文献**
- 『電気泳動なるほどQ&A』（大藤道衛／編，日本バイオ・ラッドラボラトリーズ株式会社／協力），pp166-171，羊土社，2005
- Schägger, H.：Tricine-SDS-PAGE. Nat. Protoc., 1：16-22, 2006
　⇒ネイチャープロトコールによる低分子タンパク質の分離．

おさらい　タンパク質により転写条件も異なるため，転写条件や転写バッファーの組成を検討して最適化すると上手く転写される場合があります．

Case 17　1章-6　試薬調製　試薬の保存・分取・秤量

試薬を正確に分取・秤量できなかった

対処方法

まず試薬の化学的特性を理解することが重要です．特に必要量だけを分取するのが困難な粘性の高い試薬や吸湿性の試薬は母液を調製し，溶液として必要量を分取します．

!! 対処方法のココがポイント

試薬の化学的特性には，吸湿性（潮解性），風解性，気体吸収性，蒸発・昇華性，光変性，腐食性などがあります．試薬の品質を維持するには，まず化学的特性を理解して正しい保管や取り扱いの知識を得ることが必要です．**試薬の化学的特性は取扱説明書やMSDS（Material Safety Data Sheet，Case 73参照）を参考にします．**

▶ 固体試薬のはかり方

通常はコンタミネーションを避けるため，容器から薬包紙に直接落として採取します．完全に乾燥した清浄な薬匙（スパーテル）を使用して，薬包紙から余分な試薬を取り除きながら秤量します．金属と反応するような試薬にはプラスチック製の薬匙を使用します．**凝固・結晶化している試薬は乳鉢などで粉砕してから秤量するか，少量の溶媒に溶解して必要量を分取します．**

吸湿・潮解により加水分解が生じる試薬は，デシケーターで室温保存するか乾燥剤とともに冷蔵庫で保管します．冷蔵庫や冷凍庫で保管した試薬容器を開封する場合，内壁への結露を防ぐため容器温度を完全に室温に戻してから開封し，空気中の水分の吸収を避けるために手際よく秤量します．

▶ 液体試薬のはかり方

ガラス棒やロートを使用してビーカーに直接注ぐか，駒込ピペットやマイクロピペット（⇒🔖1）などで採取します．試薬を注ぐ場合，ラベル面を上にして液垂れ

でラベルを汚さないようにします．アンプルを開封する場合，内圧が高まっていることも多いため，アンプルを冷却してからドラフト内で開封します．

【粘性物質】

容量で正確に採取することが難しい粘性物質の場合，重量で測定して比重から容量を算出します．多すぎる場合には溶媒に溶解して，母液（⇒☞2）として調製してから必要量を分取することもできます．

【揮発性物質】

揮発性物質は手際よく採取して密閉容器に保存します．特にガスクロマトグラフィーなど微量の揮発性物質を扱う場合にはセプタム付きバイアルとニードルシリンジを用います．

☞1 マイクロピペットの種類　　知ってお得

Positive Displacement Type はチップ内部のマイクロシリンジにより液体を吸引・排出します．粘性の高い物質（油，界面活性剤），揮発性物質（アルコール，有機溶媒）などの取り扱いで有効とされます．またエアロゾルによるコンタミネーションがないので PCR 試料の取り扱いにも使用されます．ラボで一般的に用いられているのはこのタイプです．

Air Displacement Type はシリンダー内部のピストンによる気圧で吸引・排出を行うため，粘性の高い物質を分注する場合，通常の方法では表面張力によりチップからすべての液体を排出するのは困難です．このような場合，プッシュボタンを 2 段目まで押し込んだ状態から液体を吸い上げ，採取した液体の 1 段目までを排出する方法がとられます（図）．揮発性物質は吸引時の負圧による揮発を最小限にするため穏やかに吸引します．

☞2 母液　　基本用語

試薬を高濃度な組成で調製した母液にはいくつかのメリットがあります．①希釈や最小限の調整で反応液を調製できるため手間や時間の節約になること，②希釈による誤差は秤量に比べて小さく，同一ロットの試薬で調製した母液から反応液を調製できるため，実験の再現性を高めることができること，③高濃度で保存することで安定性が高まること，④保管場所が節約できること，などがあげられます．ただし，高濃度で析出する塩や凝集するコロイド，また溶液中での安定性が低く加水分解などが生じる試薬（NHS エステル誘導体など）などでは母液の作製はできません．

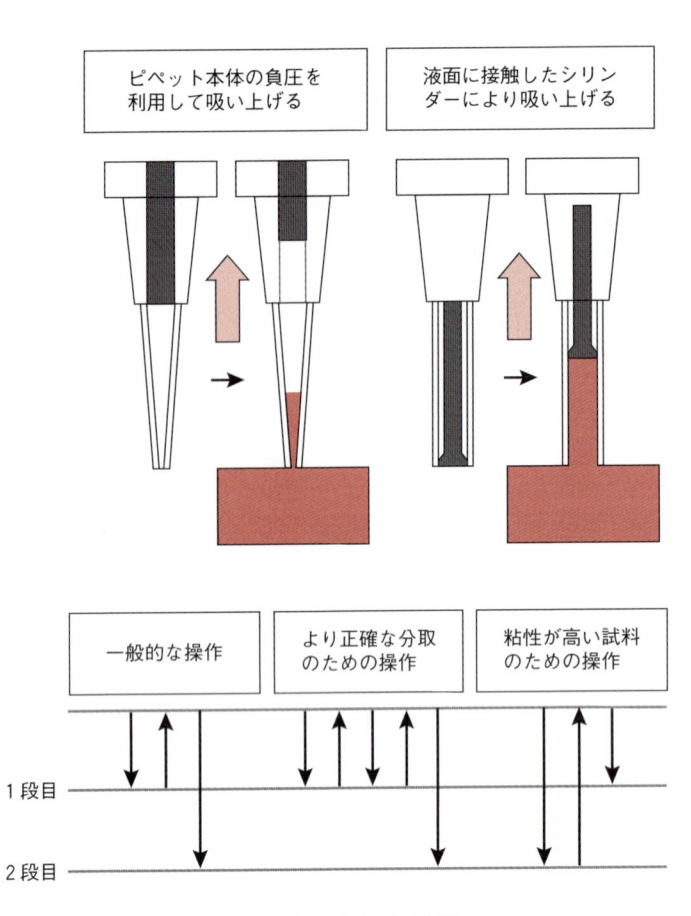

| ピペット本体の負圧を利用して吸い上げる | 液面に接触したシリンダーにより吸い上げる |

| 一般的な操作 | より正確な分取のための操作 | 粘性が高い試料のための操作 |

1段目
2段目

図● マイクロピペットの操作

◆参考図書＆参考文献
- 『基礎生化学実験法』（日本生化学会／編），東京化学同人，2001
- 『バイオ実験超基本Q＆A』（大藤道衞／著），羊土社，2001
- 『Liquid Handling Application Notebook』，Thermo Labsystems
  ⇒マイクロピペットの操作に関するテクニカルガイドです．

おさらい 化学的特性や試料容量にあわせ，最適な取り扱い（保存・分取・秤量）を行います．

Case 18

1章-6 試薬調製

pH調整

バッファー調製の際，実験書どおりに混ぜたのに，pHが合わなかった

対処方法

電気泳動のバッファーなどの場合，pHの多少のずれならそのまま調製を続けて構いません．しかし，酵素反応実験などpHの影響が大きい実験では，試薬を確認し調製しなおします．pHメーターの使い方も確認しましょう．

!! 対処方法のココがポイント

▶ バッファー（緩衝液）とは

　リン酸バッファーやトリスバッファーなど，研究室ではいろいろなバッファー（緩衝液）を用います．バッファーは，少量の酸や塩基を加えたり，多少濃度が変化してもpHが変化しにくい溶液のことをいいます．**細胞や微生物の培地，電気泳動などでバッファーを用いる場合，pHの多少のずれ（±0.2ぐらい）は問題ありません．しかし，タンパク質の分離や酵素反応に用いる場合は，pHをきちんと調製する必要があります．**特にpHメーター（⇒ 1，図）の標準液に用いる場合は厳密に調製しましょう．

　実験書には，試薬を混合するだけで調製できるバッファーの作製法が書いてありますが，組成の数字はあくまでも目安と考え，pHメーターでpHを調整しましょう．pH試験紙ではおおまかなpHしかわかりません．特に，酵素反応などでは，pHが実験に及ぼす影響は大きいため慎重にpH調整を行います．

▶ pHの値に影響する要因

　用いる試薬が古かったり，保存が悪いと吸湿してしまい，実験書どおりに試薬を計量しても実際の量は異なります．リン酸バッファーに用いるリン酸化合物は間違えやすい試薬です．例えば，リン酸2ナトリウム（Na_2HPO_4）とリン酸1ナトリウム（NaH_2PO_4）あるいはリン酸1カリウム（KH_2PO_4）などは混同しやすく，また同じリン酸ナトリウムでも無水物，7水和物，12水和物がありますので注意

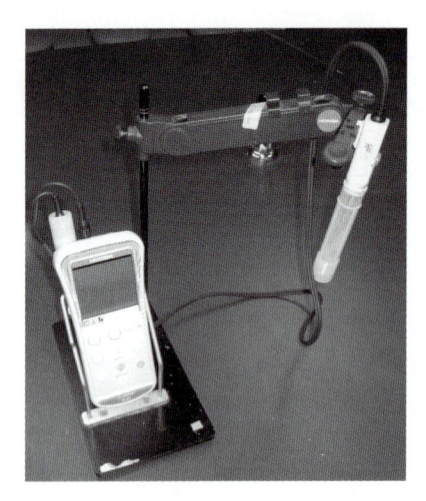

図● pHメーター

しましょう．

　pHは，温度，溶液の濃度により変化します．冷却してあった溶液あるいは加熱した溶液，発熱反応した溶液ではpHが変化します．また，**高濃度のバッファーやトリスバッファーの場合は，中和熱による温度変化が起こります**．おおまかにpHを調整したら，室温に戻し，再度，pH調整を行うようにします．または，温度が1℃上昇するごとにpHが0.03減少するので，温度も同時に測定しながら，計算式[*1]で求めた補正値にpHを合わせて調整することができます．

　pHは空気中の炭酸ガスにより変化することがあります．長時間，調製したバッファーを放置したり，あらかじめ調製した母液を希釈した場合，pHが変化する場合がありますので注意しましょう．

　pHを調整するときスターラーで溶液を撹拌しすぎると，pHの数値が不安定になり，電極の破損の原因にもなります．また，pHメーターの校正が合わない，あるいは安定しない場合は電極の汚れや劣化が考えられます．電極内部液の交換，電極の洗浄を行います（**表**）．同時にpHメーターの正しい使い方を機器の説明書で再確認しておきましょう．

🔧1 pHメーター　機器の基本

　pHを電気的に測定する装置です．ガラス電極を用いた電位差測定法によりpHを測定します．pH応答ガラス膜を隔てて，pHの異なる2種の溶液を接すると，その差に応じた電位差が生じます．標準液のpHが決められていれば，電位差を求め

[*1]（pHの補正値）＝（指示されたpH）－〔（現在の液温－20）×0.03〕

表● pHメーター使用時の電極チェック事項

チェック場所	状態	対処法
① 電極内部液	量が少ない	補充する
	pHが不安定	交換する
② 内部液補充口ゴム栓	使用時	開放しておく
	未使用時	閉める（測定終了後，閉め忘れることが多い）
③ 電極膜	塩がついている 表面が汚れで覆われている	洗浄する （汚れのひどい場合は塩酸や洗剤を用いる）
	ひびが入っている 劣化している	交換する
④ 液落部	穴が詰まっている	洗浄する
⑤ 電極の位置	電極が溶液に浸かっている	測定時は応答部と液落部が溶液に接していること

ることにより他の溶液のpHを求めることができます．

　ガラス電極と比較電極が完全に一本化された複合電極がよく使われています．ガラス電極は，乾燥を防ぐために蒸留水に浸しておきましょう．測定のたびに電極を蒸留水でよく洗います．その際に電極を指で触ったり，余計な力を加えたりしないこと．たとえ，保護カバー付きの電極であろうと，電極は破損しやすいので取り扱いは注意しなければなりません．

　pHの校正はまず，ゼロ校正を行い，さらにスパン校正を行います．スパン校正は2点校正，3点校正，5点校正の方法がありますが，通常はpH 4またはpH 9標準液で行う2点校正で充分です．測定する溶液が酸性の場合は，pH 4を，アルカリ性の場合はpH 9の標準液を使います．pHは温度により大きく異なります．温度の補正を常に行いましょう．

おさらい　実験の目的によって，pHの調整法は異なります．pH調整するときには，試薬とpHメーターの確認をしましょう．

Case 19

1章-6 試薬調製

化学名と慣用名

Tween20の化学名がわからず試薬棚を探してしまった

対処方法

試薬の名称では，化学名ばかりでなく，商品名，略号が慣用名として用いられるため名称の照合が必要です．試薬のカタログを見て商品名と化学名の関連づけを行いましょう．特に，Tween20のような界面活性剤は，商品名が慣用名になっている場合が多いので注意しましょう．

!! 対処方法のココがポイント

▶ 化学名と慣用名の関連づけ

　試薬には，界面活性剤Tween20ばかりでなくTriton X-100，SDS，IPTG，Tricineなど，商品名や略号などが慣用名として使われるものがあります（図）．このため研究室の試薬保管リストを作成する際，慣用名と化学名を併記し，どちらからでも調べられるようにします．試薬ビンに記載されている略号を確認しておきましょう：また試薬メーカーのカタログ（含：インターネットカタログ）も有用です．

1 試薬の商品名と化学名　　知ってお得

　試薬の名称には，商品名が慣用的に用いられる場合がよくあります．例えば，Tween 20は，ICI社の商標，Triton X-100は，Union Carbide Chemicals and Plastic. Co., Inc.の登録商標です．そのほか，よく用いられる界面活性剤の名称を表に示します．確認しておきましょう．

　一方，蛍光色素など会社の特許がかかわっている製品については，商品名が記載されていても化学名は示されていない場合が多くあります．例えば，エチジウムブロマイドと並び，核酸の染色に用いられるSYBR Greenなどは化学名が示されていません．このように商品名しかわからない場合でも，説明書には，試薬の使用方法ばかりでなく，毒性や危険性，廃棄方法が記載されていますので，使用前に情報を確認して従います．また，製品の製造元企業のホームページから製品についての知識を得ることもできます．なお，SYBR GreenⅠ，ⅡはMolecular Probes Invitrogen社の製品です．

図● いろいろな試薬の名称

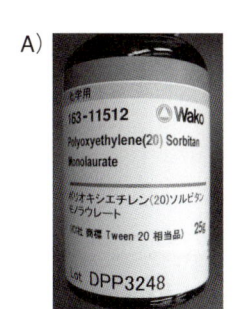

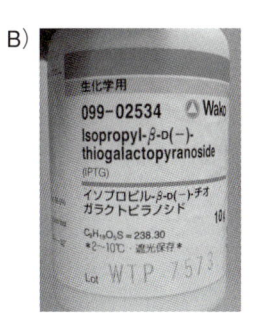

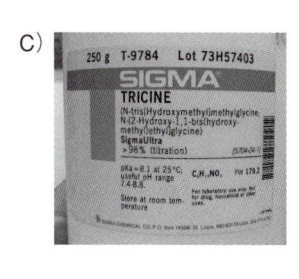

A) ポリオキシエチレン (20) ソルビタンモノラウレート → Tween20. B) イソプロピル-β-D (-) チオガラクトピラノシド → IPTG. C) N-tris [Hydroxymethyl] methylglycine; N- {2-Hydroxy-1, 1-bis (hydroxymethyl) ethyl} glycine → Tricine

表● よく用いられる界面活性剤の略号と化学名の一覧

略号	正式化学名
非イオン性界面活性剤	
Tween20	POE (20) sorbitan monolaurate
Tween80	POE (20) sorbitan monooleate
Triton X-100	POE (9, 10) p-t-octylphenylether
Brij-35	POE (23) dodecylether
NP-40	POE (9) p-t-octylphenylether
陰イオン性界面活性剤	
SDS	sodium n-dodecyl sulfate
陽イオン性界面活性剤	
CTAB	Cetyltrimethylammonium bromide
両性界面活性剤	
CHAPS	3- [(3-Cholamidopropyl) dimethylammonio] -1-propanesulfonate

注：POE：polyoxyethylene
出典：CTAB；Calbiochem，その他；Pierce Biotechnologyより

◆ **参考図書&参考文献**

- 『Organic chemicals 2007』，和光純薬工業
- 『Sigma-Aldrich Handbook of fine chemicals 2007-2008』，シグマアルドリッチ

おさらい 試薬名は，化学名ばかりでなく商品名や略号が慣用名になっていることがあります．試薬保管リストの名称表示を確認しましょう．

Case 20　1章-6　試薬調製　試薬の溶解

試薬を調製しようとしたが，試薬が溶解しなかった

対処方法

試薬を溶解させるには，撹拌，加温が常套手段です．しかしそれだけで対処できない場合には，まず試薬のプロトコールを確認し，さらに試薬の情報冊子（メルクインデックスなど）を用いて試薬の性質に適した調製方法を選択します．

!! 対処方法のココがポイント

▶ 試薬の溶解性を左右する要因

　実験の際に，まず行うのは試薬（⇒ 1）の調製です．試薬の調製とは，「必要な試薬をある濃度になるように，溶媒に溶解させること」です．試薬を溶解させるためには，まず試薬と溶媒を**撹拌，混合**させます．この操作はすべての実験に共通する基本操作となります．撹拌とは，かき混ぜることをいい，いろいろな方法があるので状況により使い分けます．通常，試薬の調製では，ガラス棒でかき混ぜる，スターラーとスターラーバーで混ぜるなどの方法を用います．固体の試薬が溶解しにくいときは**加温**します．加温とは，通常40〜80℃くらいの温度範囲で加熱することをいい，水浴などの方法を用います．

　タンパク質を溶解させる場合は，タンパク質の種類により方法が異なります．可溶性タンパク質では，通常は等電点と異なるpHの溶媒に溶かします．タンパク質は激しく撹拌すると泡立ちますので，水などの溶媒を加えたら静置して溶解させます．タンパク質は泡立てると，泡の表面張力により物理的せん断を受け，変性します．**なるべく泡立てないようにしましょう**．また，塩を加えることで溶けやすくなることがあります．このようにタンパク質の溶解には，**pHやイオン強度の影響が大きいです**．膜タンパク質など水に溶けにくいタンパク質は，界面活性剤を加えて可溶化させることもあります（Case 21，22参照）．

　試薬のなかには，**pH**が溶解性を左右することもあります．例えば，よく使われる0.5M EDTAはpH8.0に近づかないと溶解しません．**混ぜる順序**が溶解を左右

する場合もあります．例えば，錯体の試薬や金属イオンの試薬などは，混ぜる順序を間違えると沈殿が生じてしまうことがあります．一方，脂溶性の試薬は有機溶媒に溶解させます．いったん有機溶媒に溶解させてから，バッファーなどに懸濁させることがあります．混ぜすぎると乳化しますから気をつけましょう．電気泳動に用いるアガロースは加温して溶解させますが，一気に沸騰させて固まってしまうともう溶解しません．

このように，試薬を調製するには，試薬の特性に応じたいろいろな方法があります．

1 試薬の種類　　試薬の基本

試薬は特定の純度が定められており，用途や品質に応じて，①一般試薬，②特殊用途用試薬，③容量分析用標準物質，④生化学用試薬に分類されています．

①**一般試薬**は用途を限定しない試薬で一般的に用いられているものです．特に汎用する試薬についてはJISで規格が定められており，品質水準に応じてJIS特級，JIS 1級に区分されています．すべての試薬にJIS規格が制定されていないので，試薬製造業者が試薬特級，試薬1級あるいは社内規格として，GR（Guaranteed Reagentの頭文字，JISの特級に準ずるもの），EP（Extra Pureの頭文字，JISの1級に準ずるもの），CP（Chemical Pureの頭文字，化学用，1級以下のもの）などの表示で販売しています．純度は特級に準ずる試薬は95％以上，1級に準ずる試薬は95％前後，化学用試薬は95％以下と考えてよいでしょう．

②**特殊用途用試薬**は機器分析など，ある限定された用途に適合する規格の試薬，③**容量分析用標準物質**は，化学分析で濃度決定，検量線作成，機器校正などに用いられ，分析値の基準となるものです．④**生化学用試薬**は，範囲がきわめて広く，アミノ酸，タンパク質，酵素，糖，脂質，核酸などの生物の生体成分そのものから免疫化学研究，組織（細胞）培養研究，ペプチド合成研究，生理活性物質の応用研究，遺伝子工学などの試薬までも含んでいます．

◆参考図書＆参考文献
- 『バイオ試薬調製ポケットマニュアル』（田村隆明／著），羊土社，2003
- 『バイオ実験トラブル解決超基本Q＆A』（大藤道衛／著），羊土社，2002
- 『これからのバイオインフォマティクスのためのバイオ実験入門』（高木利久／監，大藤道衛，高井貴子／編），羊土社，2005
- 『化学大辞典』（大木道則 他／編），共立出版，1993

おさらい　試薬の調製の基本は混合，加温です．まずは，試薬の性質をよく調べましょう．

Case 21

1章-6 試薬調製 　　　　　　　　タンパク質の溶解（溶媒和）

タンパク質を水に溶かそうとしたら固まりになってしまった

対処方法

市販されている凍結乾燥品のタンパク質には，塩や緩衝成分があらかじめ含まれているため純水で溶解できます．タンパク質は純水でも溶解できますが，タンパク質の種類によっては溶解に少量の塩が必要になることがあります．PBS（Phosphate Buffered Saline）などを加え，静置または穏やかな撹拌により溶解させます．

!! 対処方法のココがポイント

▶ タンパク質が溶解する原理

　アミノ酸は側鎖の種類によって無極性アミノ酸，極性アミノ酸，荷電性アミノ酸に分類できます．疎水的な無極性アミノ酸が内部に局在するのに対して，親水的な極性アミノ酸や荷電性アミノ酸は表面近くに局在し，水素結合やイオン結合により周囲との相互作用にも寄与しています．特に荷電性アミノ酸の側鎖は周囲のpHに依存したアミノ基やカルボキシル基などのプロトン化や脱プロトン化を受け，正や負の電荷をタンパク質に与えます．

　タンパク質全体での差し引き総電荷が0になるpHは等電点と呼ばれ，各タンパク質に固有の値となります．等電点では総電荷が0になるため静電的反発も0になり，タンパク質が近接して凝集・沈殿が生じます．したがって等電点での溶解度は最小になり，等電点からpHが離れるほど溶解度は上昇しますが，強酸性/強アルカリ性などの極端なpHでは総電荷が正か負に大きく傾き，分子間の強い静電的反発により，通常は液相から押し出され析出します．また，分子内の静電的反発により立体構造に影響を受けて凝集・変性することもあります．

　極性分子である水は分極することで水素結合による相互ネットワークを形成しています．一方，タンパク質は表面の親水性基を介して水分子と結合することができます．これを**水和（水による溶媒和）**と呼びます（⇒ 🔖**1**，**2**）．タンパク質表面に結合している水（水和水）の密度は周囲の水（バルク水）に比べて10～20％

・結合水和水を介して周囲の水の水素結合ネットワークに参加

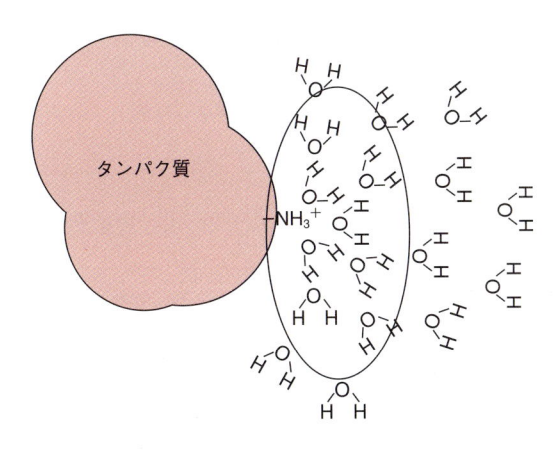

図1 ● タンパク質の水和のイメージ

ほど高密度で，この**表面に保持した水和水を介してタンパク質はバルク水の水素結合ネットワークに参加**することができます（図1）．これがタンパク質の水への溶解です．

　無極性アミノ酸は（水和に必要なエネルギーが大きすぎるため）分子内部に押し込まれ疎水結合による立体構造の安定化に寄与しています．露出している**疎水性基は氷結晶構造に類似した籠状の疎水性水和殻と呼ばれる構造体に覆われることで間接的に水和**されています．この水和殻では水の密度は低く，タンパク質フォールディングの過程で嵩高い疎水性基は内部に押し込まれ，最も小さい体積をとるエネルギー的に安定した形に折り畳まれるといわれています．つまりタンパク質の立体構造は水和を受けることで安定化しているともいえます．凍結乾燥や結晶化による変性や凍結融解サイクルによる凝集も水和水が原因とされています．

1 水和と塩　知ってお得

　純水で充分に溶解するタンパク質もありますが，ほとんどのタンパク質は少量の塩により溶解度が向上します．これは塩溶（salting-in）と呼ばれ，イオン半径が小さい多価のカチオン（ホフマイスター系列で右側）が最も有効とされます（図2）．カチオンは酸素原子を介して水和水に作用することで，水和水の分極を強化してタンパク質の親水性基に対する水素結合も強めます．これにより親水性基に

Case 21 ● タンパク質の溶解（溶媒和）

図2 ● ホフマイスター系列からみる塩の効果

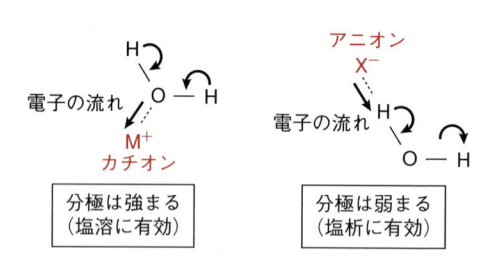

（図中テキスト）

電子の流れ
M⁺ カチオン
分極は強まる（塩溶に有効）

アニオン X⁻
電子の流れ
分極は弱まる（塩析に有効）

ホフマイスター系列（離液系列）

←タンパク質を安定化　　　タンパク質を不安定化→

塩析に有効
←強く水和される陰イオン　　　弱く水和される陰イオン→

$Citrate^{3-} > SO_4^{2-} > HPO_4^{2-} > F^- > Cl^- > Br^- > I^- > NO_3^- > ClO_4^-$

$N(CH_3)_4^+ > NH_4^+ > Cs^+ > K^+ > Na^+ > H^+ > Ca^{2+} > Mg^{2+} > Al^{3+}$

←弱く水和される陽イオン　　　強く水和される陽イオン→
塩溶に有効

結合する水和水の密度が上昇するため，タンパク質の溶解度は上昇するとされています．

　塩の添加は一定濃度まではタンパク質の溶解度を上昇させますが，過剰な塩はタンパク質を沈殿させます．これは塩析（salting-out）と呼ばれ，イオン半径が小さい多価のアニオン（ホフマイスター系列で左側）が有効とされます．アニオンは水素原子を介して水和水に作用しますが，水和水の分極は強化されずタンパク質の親水性基に対する水素結合は弱まります．これにより親水性基に結合する水和水の密度は減少するため，タンパク質の溶解度も低下するとされています．

2 ペプチドの溶媒和　操作の基本

　立体構造をとらないペプチドでは，さまざまな溶媒が使用されます．溶媒は一般的に配列（一次構造）により決定されますが，親水性ペプチドでは脱イオン水やペプチド極性に依存した酸やアルカリにより溶解します．複数の溶媒が共存する場合，最も親和性の高い溶媒により溶質は溶媒和を受けるため，疎水性ペプチドはまず少量の有機溶媒に溶解してから，許容濃度まで純水またはバッファーで希釈するのが一般的です（表）．

表●ペプチドの溶解で使用される溶媒例

配列中の疎水性アミノ酸	溶媒	初期溶媒
1/4以下	水系	脱イオン水（または酸・アルカリ）
1/2〜3/4	水系/有機溶媒系	DMSO, ACN, IPA, エタノール
3/4以上	有機溶媒系	TFA, ギ酸

DMSO：ジメチルスルホキシド，ACN：アセトニトリル，IPA：イソプロピルアルコール，
TFA：トリフルオロ酢酸

◆ 参考図書＆参考文献
- Water Structure and science（http://www.lsbu.ac.uk/water/）
  ⇒タンパク質の水和に関するホームページです．
- Muta, H. et al.: Ion effects on hydrogen-bonding hydration of polymer an approach by "induced force model". J. Mol. Struc., 620 : 65-76, 2003
  ⇒水和における塩（イオン）の役割に関して最も合理的と思われる説明がされている文献です．

おさらい タンパク質は少量の塩を添加したバッファー，ペプチドは配列に依存した溶媒により溶解します．

Case 22　1章-6　試薬調製　界面活性剤の性質

界面活性剤を水に溶解させようとしたら泡だらけになってしまった

対処方法

粉末状の界面活性剤は脱イオン水に添加して静置することで溶解させます．溶解後でも高濃度の界面活性剤は低温では粘性の高いゲル状の液晶状態となりますので，加熱によるミセル化か希釈によるモノマー化が必要になります．

!! 対処方法のココがポイント

▶ 界面活性剤が水に溶解する原理

　異なる2相が接触している場合，その界面（接触面）は界面張力によって最小化されエネルギー的に安定な状態となります．水と油など性質の異なる物質が容易に交じり合わないのは，界面張力により界面が最小に抑えられているからです．この界面張力を低下させ，界面を広げる物質を界面活性剤と呼びます（図1）．

B相（例：油） / A相（例：水）	（粒子が分散した図）
界面自由エネルギー 小（接触面積 小）	界面自由エネルギー 大（接触面積 大）

安定 ←界面張力により界面は最小化される— 活性

界面活性剤は界面張力を弱め，界面を活性化する

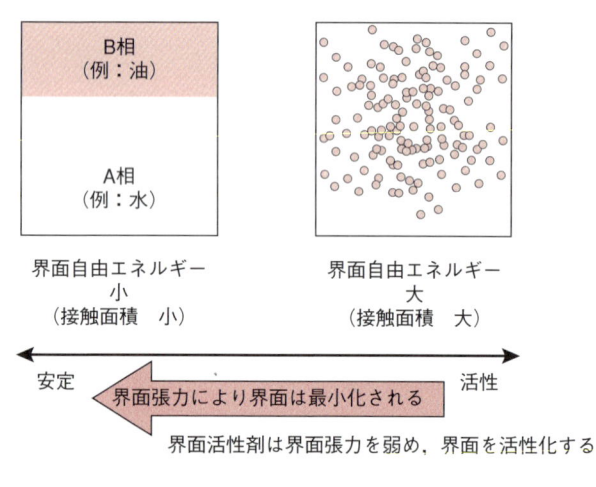

図1 ● 界面の活性化のイメージ

界面活性剤は低濃度では単分散状態のモノマーとして存在し，界面に吸着しています．**界面が活性化した液体の気液界面では，撹拌やピペッティングなどの操作により界面は簡単に広がり，また界面を最小化する界面張力も著しく低下しているため，泡が残ります．**

　ある温度以上では界面活性剤濃度の上昇により界面以外でも凝集して自己会合体を形成します．**この会合体はミセルと呼ばれ，疎水部（テール）を内側，親水部（ヘッド）を外側に向けた球状構造をとります**（図2）．ミセルは臨界ミセル濃度（CMC）と呼ばれる濃度以上で形成されますが，これはクラフト点（Kp）と呼ばれる温度以上に限られます（図3）．Kp以上の温度ではモノマーはミセルとの平衡にあり溶解度も急激に上昇しますが，Kp以下ではモノマーはゲル状の水和固体（液晶）との平衡にあります．したがってKp以下の温度では（濃度に関係なく）ミセルが形成されず界面活性剤の溶解度も低く抑えられます．**Kp以上の温度ではゲル状の液晶はミセル化して溶解し，粘度も大幅に低下するので取り扱いは容易になります．**

　界面活性剤には製造時に生じた微量の不純物（過酸化物やカルボニル化合物）が含まれることがあり，抽出後のタンパク質活性に影響を与えることがあります．不純物濃度が提示され，超純水で希釈された不活性ガス封入アンプル入り界面活性剤も市販されています．

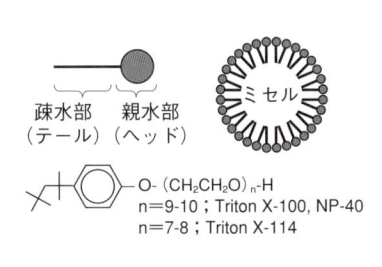

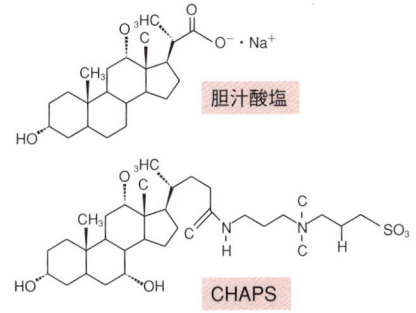

図2 ● 代表的な界面活性剤

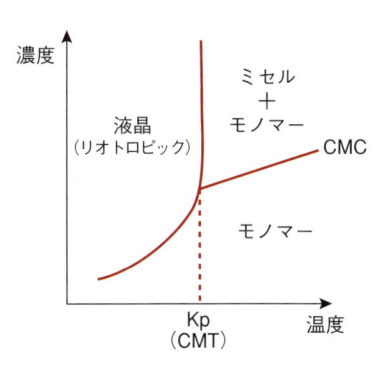

図3 ● 界面活性剤の相

Case 22 ● 界面活性剤の性質

1 膜タンパク質の可溶化 知ってお得

　膜タンパク質の抽出に要求される界面活性剤量は CMC，凝集数，温度，HLB（Hydrophile-Lipophile Balance）や骨格などの界面活性剤の特性にも依存しますが，少なくとも膜タンパク質1個につき1ミセル以上の界面活性剤が必要となります．したがって一般に膜タンパク質の可溶化には CMC 以上の界面活性剤濃度が必要とされますが，CMC 以上の高濃度の界面活性剤はタンパク質の活性に影響を与えることもあります．

　界面活性剤は親水部の電荷の有無と疎水部の構造により分類できます．親水部はイオン性/非イオン性/両イオン性の3つに分類され，SDS などのイオン性界面活性剤はタンパク質に対して変性的，非イオン性や両イオン性は穏やかな界面活性剤とされます．疎水部による分類では直鎖/分岐鎖型とコレステロール型があります．Triton やオクチルグルコシドなどは直鎖/分岐鎖型の柔軟な疎水部，CHAPS やジギトニンは強固なコレステロール型の両親媒性疎水部をもちます（表）．

表● さまざまな界面活性剤とその性質

界面活性剤	分類	凝集数	ミセル分子量	モノマー分子量	CMC (mM)	CMC% w/v	曇り点* (℃)	透析
Triton X-100	非イオン	140	90,000	647	0.24	0.0155	64	不可
Triton X-114	非イオン	—	—	537	0.21	0.0113	23	不可
NP-40	非イオン	149	90,000	617	0.29	0.0179	80	不可
Brij-35	非イオン	40	49,000	1,225	0.09	0.1103	>100	不可
Brij-58	非イオン	70	82,000	1,120	0.077	0.0086	>100	不可
Tween20	非イオン	—	—	1,228	0.06	0.0074	95	不可
Tween80	非イオン	60	76,000	1,310	0.012	0.0016	—	不可
Octyl Glucoside	非イオン	27	8,000	292	23〜25	0.6716〜0.7300	>100	可
Octylthio Glucoside	非イオン	—	—	308	9	0.2772	>100	可
SDS	陰イオン	62	18,000	288	6〜8	0.1728〜2304	>100	可
CHAPS	両イオン	10	6,149	615	8〜10	0.4920〜0.6150	>100	可
CHAPSO	両イオン	11	6,940	631	8〜10	0.5048	90	可

＊：界面活性剤の層と水層に分離して不透明になるため「曇り点（cloud point）」と呼ばれます．この性質は膜タンパク質の分配抽出で使用されます

◆ 参考図書&参考文献
- 『Protein Purification Protocols』（Doonan, S.），Humana Press, 1996

おさらい　Kp 以上への加熱や CMC 以上への希釈により溶解度を上昇させ，界面活性剤溶液を調製します．希釈済みのアンプル入り界面活性剤も入手可能です．

Column ②

定量的思考のすすめ

化学実験では，定性分析と定量分析があります．定量分析とは，試料中に含まれるある成分の量を求めること，それは一成分のこともあれば，複数の成分を求める場合もあります．いずれにしても，正確で再現性のよい値を出すためには，計量器具の使用法，実験操作，データの扱い方のさまざまな方法に従わなければなりません．

バイオ実験は，「生命現象を解析するのだから，数値なんて関係ない」などということはありません．生体成分を分析し，その動向から現象を明らかにする，といったように，バイオ実験でも定量分析を必要とすることは多々あります．バイオ実験であろうと基本は化学実験です．さまざまな化学反応を利用し，信頼できるデータを得て，そこから考察していくことには変わりはありません．

化学実験の基本は試料と試薬です．不適当な試薬や試料の調製を行えば，どんなに操作を慎重に行ったとしても無意味となります．

実験に用いる試料は目的に応じて採取され，試薬は正確な濃度に調製されなければなりません．そのためには，秤量をきちんと行うことが重要です．実験室にある計量器具の使い方や有効数字の意味をよく理解しておくことも大切です．正確な秤量をするためには天秤や器具の選択にも注意しましょう．どんな実験でも秤量をいい加減にしてはいけません．

たとえ，分析実験でなくても，日頃からあらゆる実験の操作も定量的に考え，数値として記録を残しましょう．その数値の意味を理解するためにも，実験の基本原理を勉強しておくとよいです．このような心がけで操作も一定となり，再現性のよい値が得られるでしょう．また，何かのトラブルや不適切な結果が得られたときに，記録が残されていれば原因の究明をするために大変便利です．

日々の実験のやり方を見直してみませんか？

（佐藤成美）

Case 23

1章-7 PCR

PCRの反応条件

電気泳動でPCR産物の増幅確認を行ったら，非特異的なバンドが生じていた

対処方法

アニーリング温度や反応溶液組成の検討を行い，最適なPCR条件を決定しましょう．

!! 対処方法のココがポイント

▶ 非特異的な増幅を防ぐ方法

　PCRでは加熱による鋳型DNAの熱変性後，プライマーが標的配列へ結合（アニーリング）し，耐熱性DNAポリメラーゼによりプライマー3′末端からDNAが合成されるという一連のサイクルが繰り返されることで，ターゲット配列が増幅されます（図）．

　PCR産物に目的以外の増幅産物が生じる主な原因は，テンプレートDNA上の標的以外の部位にプライマーが非特異的にアニーリングし，DNA合成が行われてしまうことにあります．アニーリング時の温度が低いと，塩基間の水素結合による結合力が強くなるので，標的以外の部位にプライマーが非特異的にアニーリングしやすくなります．このため，**非特異的なアニーリングを防ぐには，アニーリング温度を上げることが効果的です**．また，テンプレートDNAにプライマーが非特異的にアニーリングしている状態は，反応開始直後，反応溶液の温度がアニーリング温度以上に達する前に最も生じやすいものです．通常の耐熱性DNAポリメラーゼの至適温度は72℃ですが，この温度以下でもDNA合成活性をもっているため，反応開始直後に非特異的にアニーリングしているプライマーを起点とした増幅が開始され，非特異的増幅の大きな原因となります．このような問題を回避するためには，反応溶液の温度がアニーリング温度以上に上昇した後にDNAポリメラーゼ（もしくはテンプレート）を加え反応を開始させる**ホットスタート**（⇒ 1）と呼ばれるPCR手法が用いられます．

　PCR反応液組成の検討も有効です．**特にプライマーおよびMg^{2+}濃度を減らすこ**

図● PCR の原理

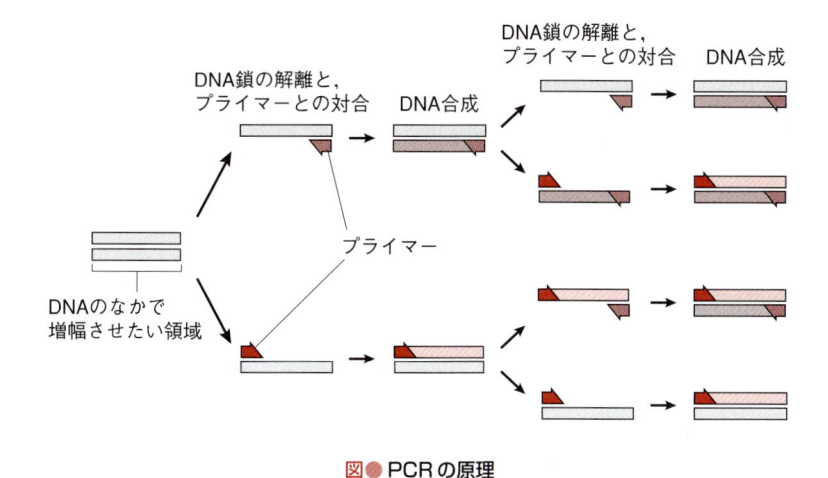

とは非特異的な増幅を改善するのに有効な場合があります．論文などの報告で設計された既知の配列のプライマーを用い，論文どおりの温度条件・反応溶液組成で実験を行った場合においても，非特異的な増幅が生じてしまい，検討をしなおさなくてはならないこともしばしばあるため，自身での検討は重要です．

1 ホットスタート　成功のコツ

　従来のホットスタートは，反応溶液の温度が上昇後，DNA ポリメラーゼ（もしくはテンプレート DNA）を加える方法でしたが，現在ではより簡便にホットスタートが可能な試薬が市販されています．

　例えば活性中心にモノクローナル抗体を結合させ，低温では活性を抑えられた酵素が，高温になることで抗体が変性し，活性を示すようになります．また，酵素自体の構造を改良し，低温では不活性なものにした酵素も市販されています．これらの酵素は，反応溶液の加熱後，試薬を加える手間がないため簡便にホットスタートを行うことができます．

　ホットスタートに特化した酵素を用いない場合は，サーマルサイクラーのヒートブロックの温度が充分上昇した後に，反応チューブをセットし，素早く温度を上昇させることでも同じ効果が得られる場合があります．

> **おさらい**　特異的な増幅産物を得るためには，反応条件の最適化を検討します．また，ホットスタートを行います．

Case 23 ● PCR の反応条件

Case 24

1章-7 PCR　　　　　　　　　　　　　　　　長いDNAのPCR

10 kbpのDNAをターゲットにしたPCRを行ったが，増幅産物が得られなかった

対処方法

PCRで使ったDNAポリメラーゼの種類を確認しましょう．*Taq* DNAポリメラーゼを用いた場合は，10 kbp以上の長いターゲットをPCR増幅できない場合が多いので，*Pfu* DNAポリメラーゼなどを混合した酵素に変更します．その他，加える試薬の量やPCRの反応時間などが間違っていないかも再確認しましょう．

!! 対処方法のココがポイント

▶ ターゲットDNAの長さに応じたDNAポリメラーゼの選択

　長いターゲットのPCR（Long PCR）が *Taq* DNAポリメラーゼで困難な理由は，増幅の過程で誤った塩基の取り込みが生じてしまうことに起因しています．PCR増幅中に鎖内に誤って取り込まれたミスマッチ塩基は，その先の鎖を延ばすDNA合成反応を阻害します．Long PCRでは増幅距離が長い分ミスマッチ塩基を取り込む確率も上がるため，増幅効率が落ちると考えられています．つまり，Long PCRを行うためには，**ミスマッチ塩基の取り込みを抑えた正確なPCRを行う**必要があるのです．

　DNAポリメラーゼは **Pol I 型と α 型**（⇒ 1 ，表）に分類されます．通常のPCRに用いられている *Taq* DNAポリメラーゼは強いDNAポリメラーゼ活性をもつことが特徴であるPol I 型に属します．一方，*Pfu* DNAポリメラーゼに代表される α 型の酵素はDNAポリメラーゼ活性がPol I 型に比べ弱いものの，合成されたDNA鎖のなかにミスマッチした塩基が取り込まれたときに，これを校正する活性（proof reading活性）をもっています．このため，α 型酵素を用いることで正確性の高いDNAの増幅を行うことが可能です．しかし，α 型酵素はDNAポリメラーゼ活性が弱く単体では増幅効率がさほど高くないため，**Long PCRを行う場合は α 型**

表● Pol I型酵素およびα型酵素の性質

	Pol I型 （*Taq* DNAポリメラーゼなど）	α型 （*Pfu* DNAポリメラーゼなど）
DNAポリメラーゼ活性	◎	○
3′→5′エキソヌクレアーゼ活性	×	○
5′→3′エキソヌクレアーゼ活性	○	×
TdT活性	○	×
利用用途	増幅率のよいPCR TaqMan解析 TAクローニング	正確性の高いPCR

とPol I型を混合した酵素が用いられます．

現在ではPol I型酵素，α型酵素，混合酵素ともにさまざまな製品が販売されています．**自分の行う実験でどのようなPCRが必要なのかを理解し，各製品の特徴を把握したうえで，適切な製品を購入するようにしましょう．**

1 Pol I型DNAポリメラーゼとα型DNAポリメラーゼ　試薬の基本

Pol I型のDNAポリメラーゼは原核生物に由来し，ポリメラーゼ活性が強く，5′→3′エキソヌクレアーゼ活性をもっているのが特徴です．5′→3′エキソヌクレアーゼ活性はTaqManなどの解析手法に利用されています．また，PCR産物の3′末端にアデニン1塩基を付加し，突出末端にするTerminal deoxynucleotidyl-transferase（TdT）活性をもっているのも特徴です．この性質はTAクローニングに利用されます．

一方，α型のDNAポリメラーゼは古細菌に由来します．ポリメラーゼ活性がPol I型に比べ弱く，5′→3′エキソヌクレアーゼ活性もありませんが，Pol I型酵素がもっていない3′→5′エキソヌクレアーゼ活性を兼ね備えています．鎖内にミスマッチ塩基が取り込まれた場合でも，この3′→5′エキソヌクレアーゼ活性によりミスマッチ塩基が取り除かれることで，正確性の高いDNA増幅を行うことができます．また，α型酵素はTdT活性をもっておらず，増幅産物の末端は平滑末端になります．このため，α型酵素を用いた増幅産物は，そのままではTAクローニングに用いることができないので注意しましょう．

> **おさらい**　長いターゲットのPCR（Long PCR）を行うときは，専用の酵素を用いましょう．

Case 25

1章-7 PCR

抽出DNAのPCR増幅

試料から抽出したDNAを用いてPCRを行ったが増幅されなかった

対処方法

吸光度測定やアガロースゲル電気泳動によって，試料からDNAが抽出・回収されているか確認しましょう．DNAの抽出が確認されたにもかかわらずPCR増幅されない場合は，抽出DNAを精製し再度PCRを行うと増幅される場合があります．また，自分でデザインしたプライマーを用いた場合は，プライマーデザインに問題があることもあります．

!! 対処方法のココがポイント

▶ PCR増幅を阻害する要因

PCRで増幅されない原因として，抽出DNAに含まれる夾雑物質によってPCRが阻害されている可能性が考えられます．抽出DNAに含まれるPCR阻害夾雑物には，さまざまなものがあります．例えばヘパリン採血管を用いたヒトの血液サンプルからDNA抽出する場合は，抗血液凝固剤として添加されているヘパリンによって，また土壌から微生物群のDNAを抽出する場合は，腐植酸などの土壌成分によってPCRが阻害を受けることが知られています．Fe^{2+}などもPCRを阻害します．このような夾雑物質を除去するためには**DNAの精製**（⇒ 1）**が有効な場合があります**．また，PCR阻害を回避する方法として，**PCR反応液組成中のMg^{2+}濃度を増やす**ことが効果的な場合もあります．しかし，Mg^{2+}濃度の増加は，非特異的なPCR増幅産物を生じる原因ともなりうるので注意が必要です．

PCR増幅効率が悪い他の原因として，抽出によって回収されるDNA量が少ないことがあげられます．DNAの抽出を行う試料によっては，抽出効率が悪かったり（例：黒ボク土），試料自体の量が限られる（例：臨床検体）ため，得られるDNA量が少なく増幅困難な場合もあります．近年，少量のDNAサンプルを**全ゲノム増幅手法**（Whole genome amplification ⇒ 2）を用い増幅することで，簡便にPCR可能な高品質のDNAを充分量確保する手法が報告され，広く用いられるようになってきています．

1 DNAの精製　操作の基本

　抽出DNA中に含まれる夾雑物質をDNAと分離するためにさまざまな方法が報告されていますが，最も汎用されるのはDNAがシリカへ吸着する性質を利用した精製方法です（図1）．この方法ではDNAを高濃度のカオトロピックイオン存在下でシリカへ吸着させ，洗浄し夾雑物質を除去した後，カオトロピックイオン濃度の低いバッファーで溶出し回収します．シリカを用いた精製は多くのキットが販売されており，簡便に行うことが可能となっています．また，ゲル濾過を行うことで，分子量の大きいゲノムDNAと低分子量の夾雑物質を分離する手法も広く用いられています．

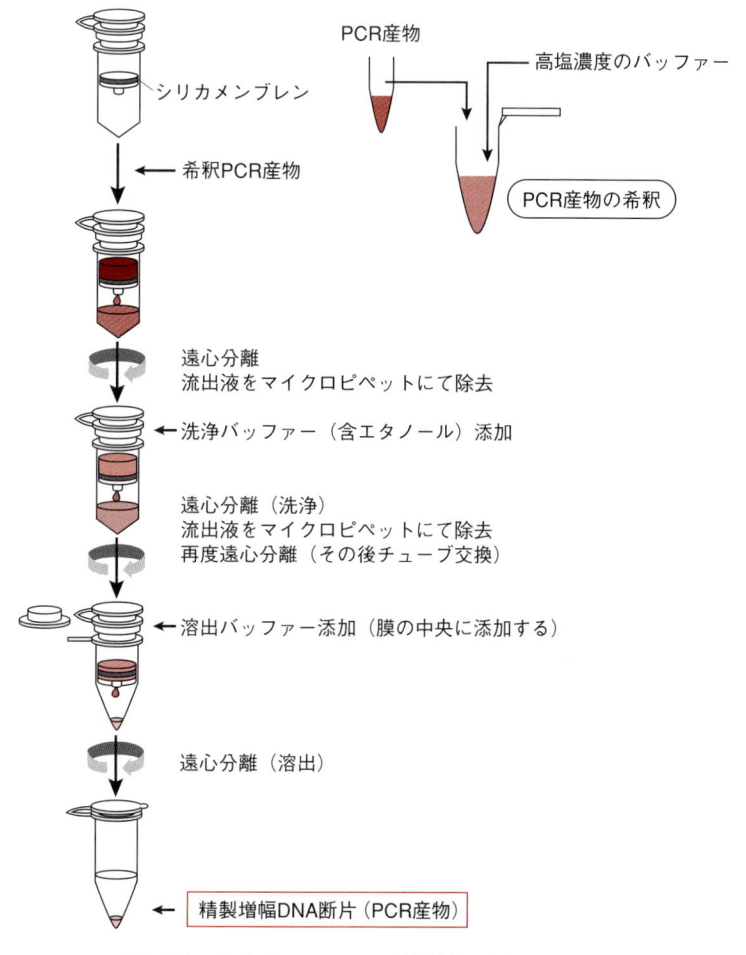

図1 ● キットを用いたDNAの精製方法の例

2 Whole genome amplification (WGA) 知ってお得

　WGAはゲノムDNA全領域を非特異的に増幅する手法の総称です（図2）．近年，鎖置換型DNA合成活性をもった *Bacillus subtilis* ファージφ29由来のφ29 DNAポリメラーゼとランダムプライマーを用いたWGA手法によって，抽出ゲノムDNAを偏りなく増幅できることが報告されています[1]．この手法は反応を等温条件で行うことができるため簡便に実施可能です．

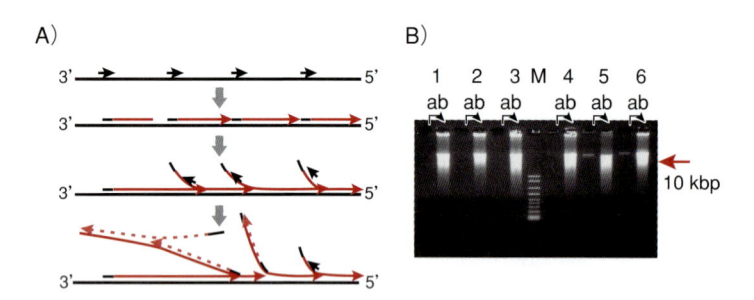

図2 ● φ29 DNAポリメラーゼを用いた全ゲノム増幅法の原理
ランダムな配列をもつ短いプライマーが変性した一本鎖ゲノムDNAにアニーリングし，鎖置換型DNAポリメラーゼ活性をもつφ29 DNAポリメラーゼによる伸長反応が開始します．φ29 DNAポリメラーゼは鎖置換型活性をもつので，すでに合成されている前方の二本鎖をはがしながら合成を進めます．はがされた鎖には再度プライマーがアニーリングし，伸長を始めます．この反応はゲノム全域で連続的に起こるので，ゲノム全体を増幅することができます

◆ **参考図書＆参考文献**

● 1 ）Hosono, S. et al.：Genome Research, 13 : 954-964, 2003
　　⇒ φ29 DNAポリメラーゼを用いたWGAの有用性について．

おさらい 鋳型DNAに含まれる夾雑物質によるPCR阻害が考えられるときは，DNAを精製します．

Case 26

1章-7 PCR　　　コンタミネーション

PCRのネガティブコントロールが増えてしまった

対処方法

PCRの実験系においてネガティブコントロールが増幅するときは，PCRに用いる試薬や器具（プライマー，蒸留水，バッファー，dNTP，DNAポリメラーゼ，チューブ，ピペットチップなど）のどれか，もしくは複数に増幅目的のDNAがコンタミしている可能性があります．このような場合は，試薬を1つずつ新しいロットのものに置き換えてコンタミネーションが生じている試薬を突き止め，その試薬を破棄しましょう．

!! 対処方法のココがポイント

▶ コンタミネーションを避ける工夫

　PCR産物はゲノムDNAに比べ低分子のため実験操作中に空気中に飛びちりやすく，コンタミネーションの原因になるため取り扱いに注意が必要です．さらにPCR産物を扱ったピペットでPCRの仕込みを行うと，ピペットを介してコンタミネーションが生じることもあります．この場合，**PCR産物を扱うピペットとPCR実験の仕込みを行うピペットを分ける**とよいでしょう．**綿栓つきのチップを用いる**こともピペットを介したコンタミネーションを防ぐ有力な方法です（図）．

　このようなコンタミネーションは実験室のほこりなどを介しても起こることが考えられます．実験室の掃除をこまめに行い清潔に保つことで，コンタミネーションが起こりにくいような実験環境づくりを心がけるとよいでしょう．筆者は過去数回コンタミネーションに悩まされた経験から，コンタミネーションの可能性を極力減らすためにPCR産物を解析する部屋とPCRの仕込みを行う部屋は完全に分けて実験を行うようにしています．

　また，増幅させるDNAのターゲットによっては販売されているPCRの試薬にもとから含まれているDNA（⇒1）が問題になる場合もあります．

図●コンタミネーションの回避方法の例

🔖1 販売試薬に含まれているDNA　知ってお得

　DNAポリメラーゼは組換え体を用いて大量に発現させ精製したものが市販されています．このため組換え体のホスト（*E.coli*など）のDNAが微量に含まれている可能性があります．近年これらの問題の対策として，ホスト由来のDNAを極力除去した製品（例：AmpliTaq Gold® DNA Polymerase, LD, Applied Biosystems社）も販売されています．また市販のプライマーにもある種の微生物DNAがコンタミしている場合があるという報告もあります[1]．微量の遺伝子を検出する実験を行う場合はこれらのことを念頭におき製品を選択する必要性もあります．

◆参考図書＆参考文献
- 1）Goto, M. et al.：FEMS Microbiol. Lett., 246：33-38, 2005

おさらい　コンタミネーションを起こさないような環境や操作で実験を行いましょう．

Case 27

1章-8 キット

溶液の濃度調整

キットの凍結乾燥品を希釈しすぎてしまった

対処方法

予定よりも低濃度溶液が調製されていますから，濃度を考慮して用います．濃度が低い分，容量を増やすことで実験チューブあたりの絶対量を合わせて実験を続けることが可能かどうか考えます．絶対量で補正できない場合は，エタノール沈殿やイソプロパノール沈殿による回収を検討します．

!! 対処方法のココがポイント

▶ 絶対量の調整と入れ間違えを防ぐ工夫

凍結乾燥品を溶解する際，加える滅菌水量の"思い違い"には注意が必要です．例えば，10 μLと20 μLなどの2倍違いや20 μLと200 μLのような1桁違いなどです．凍結乾燥品の抗体，DNA，タンパク質などの場合，滅菌水を入れすぎると濃度が低くなっているので容量を増やし，反応に用いる絶対量を合わせます．しかし，濃度が10倍薄くなってしまった場合などでは，解決できないこともあります（⇒ 🔖1）．

"思い違い"をなくすことは難しいですが，間違いに早く気づき，どのようにリカバリーするかを考えることはできます．

自分ですべての試薬を調製するときは，はじめから緊張して臨むため，"思い違い"は起きにくいかもしれません．「キットは溶液を混ぜるだけで簡単に使える」という先入観があると，操作中，"思い違い"を起こしやすくなります．新しいキットを使うとき，凍結乾燥品やボトルに滅菌水を加えるなど自分で試薬を調製する場面では，説明書の行に，マーカーで印をつけるなど，間違えを発見しやすいような工夫をします．慣れた実験者でも，初心を忘れないことが大切です（⇒ 🔖2）．

🔖1 滅菌水を加えすぎたときの対処事例　　知ってお得

【事例1：合成オリゴヌクレオチド】
・PCRプライマー用オリゴヌクレオチドに滅菌水を2倍量加えてしまった．

→PCRの仕込みでプライマー溶液を2倍量加え，絶対量を合わせます．この際，仕込みに用いる水の量を変えてPCR反応溶液量を変えずに調製します．
- PCRプライマー用オリゴヌクレオチドに滅菌水を10倍量加えてしまった．

→容量にもよりますが，下記事例2と同様にエタノールまたはイソプロパノール沈殿により回収・再溶解を考えます．

オリゴヌクレオチドや抗体を溶解するときには，高濃度の母液を調製し，保存用とします．希釈の間違いによるリスクを少なくするとともに安定な状態で保存するためです．

【事例2：キット添付プラスミドベクター】
- 10倍に薄めてしまったため，希薄すぎて絶対量で補正できなかった．

→エタノールまたはイソプロパノール沈殿後，少量の滅菌水に溶解します．しかし，回収率が悪くなりますので，可能ならば少量を犠牲にして吸光度を測定し，正確さを求めます（微量紫外部分光光度計が必要です）．

【事例3：二次抗体】
- 説明書よりも10倍薄めてしまった．

→10倍々で段階希釈しているようならば，1段階前の希釈抗体から調製しなおします．直接10,000倍などに調製した場合は，はじめからやり直します．抗体液が足りない場合は，再度購入となってしまいます．

なお，メーカーの顧客対応部門（学術，カスタマーサービス，技術部）に問い合わせることで，対処方法のヒントが見つかることがあります．

2 先入観による"思い違い"の事例　知ってお得

【事例1】
久しぶりに用いたA社のBキットでは，凍結乾燥品の絶対量が変更になっていた．説明書にも加える滅菌水の量の変更が明記されていたが，使い慣れていたため，従来の量を加えてしまった．

【事例2】
C社の抽出キットが高価なため低価格のD社に変えたが，プロトコールが非常に似ていたため，添加する滅菌水の量もC社のプロトコールに沿って加えてしまった．

> **おさらい**　キットを買いなおすことは難しいですから，濃度が低い場合の問題点を洗い出し，対処します．

Case 28

1章-8 キット　　　　　　　　キットの推奨プロトコール

キットのプロトコールに従ったが上手くいかなかった

対処方法

推奨プロトコール全体は必ず実験前に目を通して，不明な点を確認します．反応条件や操作などが視覚的にわかりやすい手順書を実験ノートに整理しておけば，操作中のケアレスミスは最小限に抑えることができます．また，実験ノートに実際の操作や所見など記載しておけば，後で確認することができます．コントロールの使用が推奨されていれば，必ず使用します．

!! 対処方法のココがポイント

▶ キットを使用する際に注意すること

　キットのプロトコールどおり行ったのに上手くいかなかった場合，キットに記載されている推奨プロトコールから逸脱している可能性が考えられます．推奨プロトコールは製品の開発段階で充分に検証され作成された，キットに最適なプロトコールです．つまり，推奨プロトコールに従いすべての操作をして最適化を行えば，キットが目的とする用途で必ず機能することが確認されています．ただし，キットの目的とは推奨プロトコール作成者が意図した目的であり，実験者が意図する目的とは必ずしも一致しないこともあります．

　例えば，タンパク質の架橋には「タンパク質間のカップリング」と「タンパク質間の相互作用検出」があります．相互作用に非特異的な架橋では，溶液中でのタンパク質分子の衝突頻度を高めるために高濃度のタンパク質が推奨されますが，相互作用に特異的な架橋では，タンパク質濃度はカップリングを目的とする場合の1/1,000以下で使用されることがあります．

　不具合が生じた際，実際に行われた操作を確認していくと推奨プロトコールとは異なった操作がされていることがあります．これがキットの原理を充分に理解して意図的に行われた場合はあまり問題にはなりませんが，困ってしまうのは，**推奨プロトコールに従って操作を行っているつもりでも気づかず逸脱している場合です**．さらに，実験ノートに実際の操作の詳細が記載されていなかったり，コントロールがお

かれていなかったりすると，不具合の原因を特定するのに非常に時間がかかります．

　例えばキットに含まれているコントロールが機能して，サンプルのみが機能しない場合，キットに含まれている試薬類には問題がなく，問題がサンプルに由来していることがわかります（ELISA などでは標準品による検量線 R_2 値からも原因の推測が可能です）．

　一見すると必要のない無意味な操作に思えても，推奨プロトコールでは収率向上や労力最小化のために操作は必要最小限に最適化されています．基本的に不必要な操作は含まれていないと考え，特に初めてキットを使用する場合は推奨プロトコールに従った方がよいでしょう．

1 トラブルシューティングガイド　知ってお得

　取扱説明書に記載されている「トラブルシューティングガイド」には，製品使用時どのような問題が生じやすいのかが事例として報告されています．製造元で行われた推奨プロトコール開発の際のさまざまな条件検討や販売開始後のテクニカルサポートで得たノウハウは，トラブルシューティングガイドに最も反映されます．

　記載されている内容は製品の原理を考えれば当然の内容が多いですが，問題や解決法が具体的に記載されているため，実験を始める前に目を通しておけば最も頻発するトラブルを回避することができます．**「トラブルシューティングガイド」は必ず先に読むことをおすすめします**．

おさらい　プロトコールは必ず実験前に目を通して実験ノートに手順を整理しておきます．内部コントロールも可能なら使用します．

Case 29

1章-8 キット　　　　　　　　　　　　　　　キットの選び方

欲しい試薬やキットが見つからない，選び方がわからない

対処方法

実験ツール（試薬やキット）を取捨選択して使いこなすのは実験者にとって必要な能力といえます．まず，ウェブサイトで製品を絞り込んだら，データシートを入手して，不明な点があればメーカーのテクニカルサポートに確認します．その他，ラボに出入りしている業者の人に相談するのもよいでしょう．

!! 対処方法のココがポイント

▶ 適切な試薬・キットの探し方

実験で必要となる試薬やキットを見つけるには，市販の試薬やキットを検索・比較できるウェブサイト（表1）が便利です．次にメーカーウェブサイトでデータシートをダウンロードして実験の目的に適した製品かどうかを確認します．さらにPubMedやGoogle Scholar（表2）などで該当製品を使用した論文がないかも検索します．論文で多数引用されているか確認できますし，また論文中のデータから製品で得られた結果の評価（⇒ 1）もわかります．

メーカーの製品ウェブサイトはあくまでも商用サイトです．自社製品に有利な情報を選択的に掲載するのは企業利益から考えても当然といえます．したがって，自社製品にとって不利な条件での比較は行われていないと考えた方がよいでしょう．さまざまなウェブサイトに掲載されている情報から，最終的に製品を判断して購入するのは実験者自身です．

もし，**不明な点があれば，テクニカルサポートに確認します**．ウェブサイトからロット分析表やデータシートが入手できない場合，これらの請求もテクニカルサポートで行えます．海外メーカーに直接メールなどで問い合わせる場合，質問はできるだけ具体的かつ要点を箇条書きにして連絡した方がよいでしょう．曖昧な質問や長文の質問には，欲しい回答が戻らないこともあります．また，製造委託製品では販売元が回答できないようなケースもあります．

日本国内に輸入元があれば，同じ内容の質問を複数の輸入元に送り，それぞれの

表1 ● ライフサイエンス用の試薬・キット検索

サイト名	URL
Bio Compare	http://www.biocompare.com/
バイオ百科	http://www.biohyakka.com/
バイオ・コンシェルジェ	http://www.bio-concierge.com/
BioSearch（Biotechnology Japan）	http://biotech.nikkeibp.co.jp/biosrcn/BioSearch.jsp

表2 ● 論文検索

サイト名	URL
PubMed	http://www.pubmed.gov/
Google Scholar	http://scholar.google.com/
JDream Ⅱ	http://pr.jst.go.jp/jdream2/

回答を比較することもすすめます．同じ製品を購入したとしても，購入後のテクニカルサポートやメーカーへの技術的内容の確認は輸入元のテクニカル担当者が行うため，その担当者（またはチーム）の知識や経験にも左右されます．キットや試薬の価格にはテクニカルサポートも含めて考えるべきです．

1 結果の評価　知ってお得

試薬やキットには組成や原理が非公開の製品も多くあります．従来法に基づき自ら調製した試薬と異なり，市販の試薬やキットから得られた結果はコントロールや従来法から得られた結果との比較で検証しなければならない場合があります．キットはあくまでも実験ツールであり，何ができて何ができないかを判断して，それをどう使用するかは実験者自身が決めることです．

例えば，核や膜からタンパク質を分画抽出するキットを使用して目的タンパク質の局在を調べたい場合，キットだけでは判断はできません．細胞質に局在するタンパク質（熱ショックタンパク質など）が夾雑していないか？目的タンパク質以外の核/膜タンパク質が同じ画分に存在するか？をウエスタンブロッティングで確認して，夾雑の有無や純度を評価します．コントロールのおき方は取扱説明書で指示されている場合もありますが，製品を用いた論文から実際の実験系を参考にします．

おさらい　検索サイトやメーカーウェブサイト，さらにテクニカルサポートから必要な情報を的確に引き出し検討することが重要です．

# 2章

材料の調製
—微生物，細胞・組織，動物

Case 30〜36	1. 微生物	82
Case 37〜42	2. 細胞	101
Case 43〜51	3. 病理組織	115
Case 52〜54	4. 動物	136

Case 30

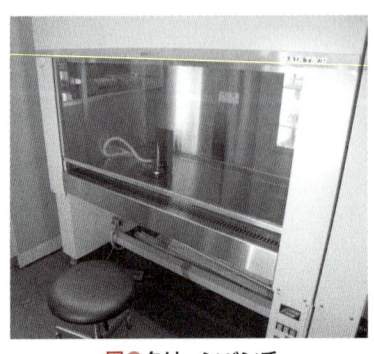

2章-1 微生物　　　　　　　　　　　　　　　クリーンベンチ

クリーンベンチでの植え継ぎで最近コンタミが多い

対処方法

実験前にクリーンベンチ内をアルコールで清浄化します．また10分以上前にエアーのスイッチを入れ，気流を安定させ，紫外線灯により滅菌します．さらにフィルターの詰まりや風量の低下がないか定期的に保守・点検します．

!! 対処方法のココがポイント

▶ クリーンベンチの正しい使用法

一般的にクリーンベンチ（図）内の清浄化には70％エタノールや50〜70％イソプロピルアルコールを噴霧した後，拭きとり（wipe out）を行います．アルコールはグラム陽性菌/陰性菌，真菌，エンベロープを有するウイルスの殺滅に有効ですが，一部の細菌やエンベロープを有さないウイルスには長時間の接触が必要であり，また芽胞には無効とされます．通常，単独の化学薬剤だけで完全な菌の殺滅を行うのは難しく，複数薬剤のコンビネーションが必要になります（⇒ 1）．したがってベンチ内の菌の殺滅は短時間のアルコールの接触だけでは不充分であると考え，アルコール噴霧後は必ず汚れとともに拭きとり，さらに紫外線灯照射を行います．固着した汚れは紫外線を著しく減弱し，プラスチックシャーレなども紫外線を透過しないので，ベンチは整理整頓して清浄に保ちます．

クリーンベンチ内は集塵効率の高いHEPA（High Efficiency Particulate Air）フィルターを通過した清浄（HEPA集塵効率：0.3μm粒子を99.97％捕集）な気流で陽圧に保たれています．

図●クリーンベンチ

したがって，HEPAフィルターが詰まると圧力損失により陽圧が低下してコンタミネーションの原因となります．HEPAフィルターは定期的に交換して保守・点検を行います．ベンチ内が散乱していると気流の妨げとなりますので，日頃からベンチ内部の整頓を心がけることが重要です．**また，スイッチを入れてから10分間程度待って，気流が安定してから使用します．**

細菌は簡易ベンチでも植え継ぎを行えます．培地では最も増殖速度の速い細菌や細胞が優勢になります．このため増殖速度が速い大腸菌（20分ごとに分裂）などの培養では落下菌が混入してもほとんど問題になりません．

1 さまざまな滅菌・消毒法　操作の基本

【高圧蒸気滅菌法（オートクレーブ）】
2気圧，15〜20分間，121℃で行います．大量の液体などでは時間の延長が必要になります．試薬や器具の滅菌で広く用いられる方法です．

【放射線滅菌法】
ガンマ線は紫外線と異なりプラスチックを透過するため滅菌シャーレの製造などに広く使用されていますが，特定の認可施設でしか行うことができません．

【低温滅菌（消毒）法】
高温と低温での加熱を交互に繰り返すことで芽胞を発芽させ，熱抵抗性の低い栄養要求菌として殺滅します．例：2時間@80℃ → 20時間@40℃ → 2時間@80℃ → 20時間@40℃ → 2時間@80℃

【濾過滅菌（消毒）法】
0.22 μmまたは0.45 μmのメンブレンフィルターなどにより薬液を濾過する方法で熱に弱いタンパク質溶液に使用されます．ウイルスの除去はできません．

【薬剤滅菌（消毒）法】
70％のエタノールやイソプロピルアルコール，30％過酸化水素水，1,500 ppm過酢酸，1 N NaOHにより器具表面を数回リンスします．これらの薬剤が使用できない場合，抗生物質カクテル（ストレプトマイシン・ペニシリン）などを添加して微生物の増殖を抑制することもあります．

◆参考図書＆参考文献
- 『バイオ実験超基本Q&A』（大藤道衛／著），pp151-161，羊土社，2001
- 『基礎生化学実験法 第1巻 基本操作』（日本生化学会／編），pp188-192，東京化学同人，2001
- 『Sterilizing Polystyrene Microspheres, Technical Data Sheet 670』，Polysciences, Inc

おさらい　クリーンベンチのアルコールによる拭きとりと日頃の整理整頓，定期的な保守点検が重要です．

Case 31

2章-1 微生物

コロニーの保存

組換え大腸菌のコロニーを冷蔵庫に3カ月放置してしまった

対処方法

コロニーの状態でも保存期間によっては再度培養可能です．まずは，液体振とう培養またはプレート培養を行い，ストックをつくってみましょう．この際，培地に抗生物質を加え，抗生物質耐性を指標としてプラスミドが抜けていないか確かめながら培養します．

!! 対処方法のココがポイント

▶ **大腸菌を長期保存する方法**

1～2週間は，コロニーの状態でプレートを保存しても再度培養ができます．しかし，2週間以上の長期保存の場合は，
① 16％グリセロール存在下にて−80℃保存（図1）
② スタブ保存（図2）
が適しています．**スタブ保存の場合は，数カ月～菌によっては年単位で安定な保存ができます**（⇒ 1）．

大腸菌の凍結保存で気にしなければならない点は，**大腸菌をそのまま凍らせると菌体内の水が結晶構造をつくる際に体積を増して菌体が破壊されてしまう**ことです．グリセロールはOH基を多く含む分子であり，適度なグリセロールを大腸菌に混ぜることにより水の結晶構造にグリセロールが入り込み，その結果，安定な結晶構造がとれず不凍液に近くなり，菌体の破壊を防ぎます．

大腸菌は好気性菌で，液体培養では振とう培養により空気を混ぜて培養します．また，プレート培養では上ブタの隙間からある程度空気が循環するため好気的に培養が可能です．寒天培地に大腸菌を刺してスタブとして保存すると，大腸菌は低酸素状態で代謝が落ちて「仮死状態」のようになります．このため分裂を起こさず，かつ死滅もせずに保存が可能となります．また，液体培養する場合，プラスミドが抜けていないか抗生物質耐性を指標にして確認しながら培養しましょう．

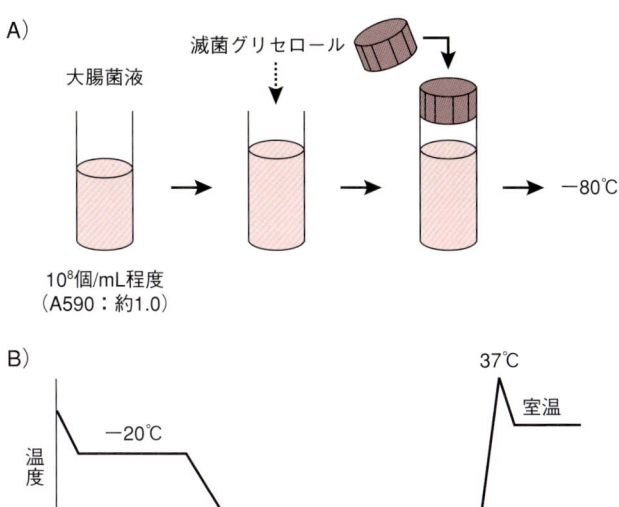

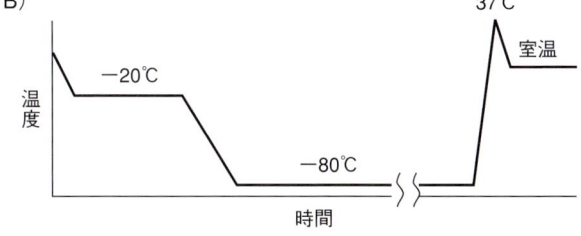

図1 ● グリセロール保存

特級グリセロールをオートクレーブ滅菌します．次にLB-brothなどの一般的な液体培地を用い，10^8個/mL程度（A590：約1.0）になるまで数時間培養した大腸菌液に1：5の割合で滅菌グリセロールを添加します（A）．凍結する場合は，−20℃で一晩置き，その後，−80℃にて保存します．溶解する場合は，37℃水浴もしくは手で握って短時間で溶かします（B）．

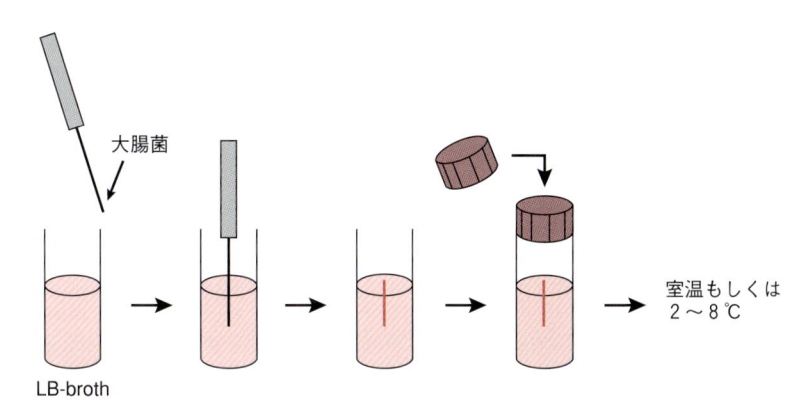

図2 ● スタブ保存

スクリューキャップ付試験管に通常の半分程度（0.5〜0.6％程度）の寒天を含むLB-brothなどの培地を作製し，白金耳を用いて，採取した菌を培地に刺して（スタブ）して培養し保存します．室温もしくは冷蔵（2〜8℃）にて年単位で保存できます

🔖1 菌の保存方法と送付方法　知ってお得

　菌の保存方法には，継代培養保存法，軟寒天保存法，凍結保存法，凍結乾燥保存法などがあります．このなかで軟寒天保存（スタブ）法，凍結保存法は，簡便で広く用いられています．

　なお，遺伝子組換えクローンを受け渡す場合，法令（遺伝子組換え生物等の使用等の規制による生物の多様性の確保に関する法律）を遵守し，下記の情報を明記して送付しなければなりません．

1）宿主大腸菌名（例：K12株，JM109）
2）ベクターの名称
3）インサートDNAに関する情報（例：生物種名，遺伝子名，cDNAかゲノムDNA断片かなど）

　宅急便などでドライアイス輸送する場合，「取り扱い注意」を明記するとともに，シールしたビニール袋で二重に梱包します．

◆参考図書＆参考文献
- 『微生物実験マニュアル』（安藤昭一／編），技報堂出版，2002
- 『ビギナーのための微生物実験ラボガイド』（堀越弘毅，青野力三，中村　聡，中島春紫／著），講談社サイエンティフィク，1993

おさらい　大腸菌のコロニーでの保存は避けましょう．すでに保存している場合は，液体培養しストックをつくります．

Case 32

2章-1 微生物

微生物のDNA抽出

土壌から微生物のDNAを抽出しようとしたが，DNAを回収できなかった

対処方法

回収が困難な場合，スキムミルクを添加することで回収効率が改善されることがあります．

!! 対処方法の**ココ**がポイント

▶ 土壌に特有の性質

　土壌中の微生物群からのDNA抽出には，ビーズを用い土壌ごと菌体を物理的に破砕する方法が広く用いられています．ビーズによるDNA抽出は市販のキットを用いて簡便に行うことができますが，抽出効率は土壌試料自体の質に大きく左右されます．日本に多い火山灰土壌（黒ボク土）は，**強くDNAを吸着する性質がある**ためDNAの回収が困難であることが知られています．このような試料からDNAを抽出する場合は，吸着競合剤として40 mg/g-soil程度のスキムミルクを添加し，抽出を行うことでDNAの回収効率が改善する場合があります（図）[1]．

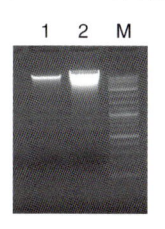

図● 市販ビーズ破砕キットを用いた火山灰土からのDNA抽出効率
1：スキムミルク無添加，2：スキムミルク添加，M：DNAサイズマーカー

◆ **参考図書＆参考文献**
- 1) Hoshino, Y. T. & Matsumoto, N.：Microbes Environ., 19：13-19, 2004

おさらい　土壌からのDNA抽出には**スキムミルクを添加**します．

2章　材料の調製──微生物，細胞・組織，動物

Case 33

2章-1 微生物

寒天培地

微生物を培養するために寒天培地を用意したが，固まらなかった

対処方法

培地に入れる寒天の量が正しいか確認します．寒天の濃度に間違いがない場合は培地のpHの確認を行います．作製する培地のpHが低い場合は，寒天と寒天以外の成分を別々にオートクレーブ滅菌し，少し冷めてから両者を混合し培地を作製します．

!! 対処方法のココがポイント

▶ 培地の固化を左右するpH

寒天は成分としてアガロースを含んでいます．アガロースはβ-D-ガラクトースと3,6-アンヒドロ-α-L-ガラクトースが交互に結合した構造をもっており（図），加熱によってこの結合が離れ，低温になり再結合することで培地を固化させることができます．しかし，**アガロースは低いpH条件下で加熱すると加水分解される**ため，酸性の培地に寒天を入れた状態でオートクレーブ処理を行うと培地が固化しないことがあります．pHが低い条件下でも低温では分解が起こりにくいので，寒天と培地成分を別々にオートクレーブ処理後，寒天が固まらない程度の温度に冷ましてから混合することで寒天の分解を防ぎ培地を固化できる場合があります．

図●アガロースの分子構造

おさらい 培地のpHが低い場合は，培地成分と寒天を分けてオートクレーブ滅菌します．

Case 34

2章-1 微生物

微生物の植菌操作

植えたはずの微生物が生えてこなかった

対処方法

植菌操作は，土壌などからの微生物の単離など，さまざまな場面で登場します．種菌を新しい培地に植えたはずなのに生えてこない場合は，以下の「技術」「培地」「菌」「装置・器具」それぞれに関する基本事項をチェック形式で確認し対処しましょう．

!! 対処方法のココがポイント

▶ 技術に関する基本

□白金耳を火炎滅菌したあとの"冷まし"が充分か
　⇒充分に冷却します．
□菌が接種されているか．白金耳に菌が付着しているか．植える新しい培地に白金耳をきちんと接触させているか
　⇒作業の習熟に努めます．

▶ 培地に関する基本

□組成どおりの成分が含まれているか
　⇒培地調製時に確認します．
□pHは適切か
　⇒培地調製時に確認します．
□培地素材の製造元あるいはロットが以前使用したものと異なっていないか
　⇒製造元あるいはロットが異なることによる成分の微妙な違いで微生物が生育しなくなることがあります．そこで，もし製造元が異なる場合，以前使用した製造元の素材を使用します．ロットが異なる場合，以前使用したロットのものがあればそれを使用します．そのロットがない場合は，他のロットで試してみます．
□オートクレーブによる培地成分の変質，pHの変化はないか

⇒オートクレーブによる褐変物質の生成やpHの変化により生育しなくなる場合があります．特に培地成分の変質を防止する方法として，「培地組成の一部を別々にしてオートクレーブする」「培地組成の一部をメンブレンフィルター除菌により培地に添加する」などがあげられます．

□寒天培地へ植菌する場合，培地は新鮮なものか，また，表面に水分がたまっていないか

⇒新鮮な培地を用いることは当然ですが，調製直後に平板培地の表面に水がたまっている場合，培地部分を上，フタを下にし，培地表面を乾燥させます．

□液体培地の場合，粘性が高くないか，あるいは液量は適切か

⇒「粘性の異なる別の培地に植菌する」「液量や振とう条件を変化させる」などの対策を講じてみます．

▶ 菌に関する基本

□生きているものを種菌として用いたか

⇒不適切な保存により死滅した菌を接種している場合があります．この場合，他の種菌を用いて再度植菌してみます（⇒ 1）．

□植え継ぎを頻繁に行っていなかったか

⇒微生物により，植え継ぎを重ねるうちに死滅してしまうものもあります．この場合も他の種菌を用いて再度植菌してみます（⇒ 1）．

□培養期間が短くないか

⇒カビなど微生物によっては2～3日程度でははっきりとした生育が認められない場合がありますので培養を継続します．

▶ 装置・器具に関する基本

□インキュベーターの温度設定が適切か

⇒2～3℃の違いで生育しなくなる微生物もいますので，装置の温度目盛りを頼りすぎずに，温度計をインキュベーター内に置くなどして庫内の実際の温度を確認します．

□振とう培養時の振とう条件が適切か

⇒培地の液量を変化させるなどの対応と併用しながら確認します．

□振とう装置が止まったままになっていなかったか

⇒装置を共用している場合，他の実験者がうっかり止めて放置してしまうこともあります．お互いに注意しましょう．

□使用したガラス器具が汚れていなかったか

⇒充分に洗浄した器具を使用します．

1 微生物の保存 　操作の基本

　微生物の保存方法として一般的に行われる方法として,「植え継ぎ法による保存」があげられます. これは通常の植菌操作を一定期間ごとに行うといった簡便な保存法です[1]. しかしながら, 植え継ぎ操作や保存の過程で, もともともっていた性質・胞子生産性などの変化, 他の微生物の混入, 保管庫の故障による保存株の死滅といったトラブルに遭遇することもあります. そこで,「植え継ぎ法による保存」に関しては, 以下の点に注意しましょう.

> ❶ 保存場所は数カ所に分けておくとよいでしょう. 1カ所の場合, 何か事故が起きたときに保存株が全滅してしまうこともあります.
> ❷ 保存株の本数も1カ所につき2本以上としておきたいものです. これは, 植え継ぎを重ねていくうちに性質が変化してしまうことがありますが, 複数保存しておけば以前に保存した古い株に戻ることが可能となるからです.
> ❸ 凍結乾燥法, 流動パラフィン重層法など別の保存法[1] を併用しておくことも大切です.

◆参考図書＆参考文献
● 1)『微生物実験マニュアル第2版』(安藤昭一／編, 大藤道衛, 篠山浩文 他／著), 技報堂出版, 2003

おさらい 植菌操作のポイント：①植菌作業の習熟, ②培地成分の確認, ③適切な種菌の使用, ④インキュベーター装置・振とう装置などの設定の確認

2章 材料の調製—微生物, 細胞・組織, 動物

Case 35　2章-1　微生物　　　　　　　　　　　　　　　微生物酵素の精製

原理を熟知しているのに酵素をうまく精製できなかった

対処方法

まず，精製の目的をはっきりさせ，最終的に必要な酵素量はどのくらいかを算出します．特に，酵素の機能を調べ，触媒として物質合成に活用する場合は，まとまった量の酵素が必要となります．「精製は"ものとり"である」ことを肝に銘じ，高速液体クロマトグラフィー（HPLC）による"スマートな"精製に頼らず，容量の大きいオープンカラムを使用し，時には「バッチ法」による"泥臭い"精製を試みる必要もあります．思わしい結果が得られない場合は，精製の最初のステップからやり直すといった「思い切りのよさ」も必要です．

!! 対処方法のココがポイント

「酵素をうまく精製できない」ケースは2つに分けられます．1つは，「酵素液を長時間室温で放置する」「イオンクロマトグラフィーの原理を知らない」といった酵素の取り扱いの基礎に習熟していないことが原因となるケースです．もう1つは，酵素に関する基礎，精製技術をある程度習熟しているにもかかわらず精製ができないケースです．ここでは後者のケースについて詳しく述べます．酵素の基礎を熟知しているはずの大学院生が，1年経っても精製できずに悩んでいるケースに遭遇することがあります．逆に，「あの人がやるとどんな酵素でも精製できる」といった神様のような人もいます．この違いはどこにあるのでしょうか．

▶ 精製の目的を明確にする

生化学の教科書に「酵素研究の第一歩は精製」と書かれている場合があります．しかし，**目的酵素の"何を研究するか"によって精製の質が異なってきます**．酵素のアミノ酸配列を同定するのであれば，微量で充分であり，必ずしも活性を維持する必要がありません．反応速度論的に解析するのであれば，失活は大敵であり，解析するプロット数が多くなれば，ある程度の酵素量が必要となります．単なる触媒

として有機合成に活用するのであれば，副反応が起こらない程度の精製で充分な場合もあり，むしろ"量"が重要かもしれません．

「酵素＝精製」といった教科書的な常識を優先して，「精製してから何をするのか」といったいわば研究の常識を明確にせずに"精製している"人がいます．量より質なのか，質より量なのか，量・質とも必要なのか．目的を明確にしましょう．

▶ 適切なスケールで精製する

まず述べておきたいことは「精製は"ものとり"である」ということです．したがって，精製開始時に準備するタンパク質量が少なければ，得られる酵素量も少なくなります．"量"を必要としているのに，ミニカラムを使用した HPLC で精製を検討している人を見かけます．「目的」「理由」を聞くと，「予備検討」といった"ずるい"答えが返ってきます．しかし「本番」で大量のタンパク質を扱う場合，オープンカラムなど別の手段で精製を改めて検討しなおさなければならなくなります．

また，スケールダウンする場合，単純に5分の1のタンパク質量にすれば，5分の1の酵素が回収できるわけでなく，回収率が極端に悪くなることもあります．実験にはさまざまな予備検討も必要ですが，酵素の精製は単純なスケールアップ，スケールダウンが通用しないケースが多々あります．**必要とする酵素量をイメージし，精製は"ものとり"である**ことを肝に銘じて検討しましょう．

▶ 精製は芸術的かつ大胆に

酵素精製の流れとして，例えば，「硫安沈殿→ゲル濾過による脱塩→イオン交換クロマトグラフィー→ゲル濾過クロマトグラフィー…」など，ある程度のイメージは教科書に書かれています．1年以上精製がうまくいかない人にはこのような型から抜け出せないところがあるようです．例えば，硫安沈殿の検討だけで3カ月もかけている人の検討内容をみると，硫安沈殿がうまくいかないので細かく硫安濃度を変化させて，タンパク質の回収量の微妙な変化をグラフ化して最適条件を検討しているといった，精製しているよりもむしろ硫安沈殿の研究をしているといった類いのことを平気でやっています．精製の原理を知っていることは基本中の基本ですが，多様な酵素を相手にする場合，基本に縛られて，「硫安沈殿しないのはおかしい」と思い込まず，時には，いきなり酵素液にイオン交換樹脂を投入するバッチ法に挑戦する，温度に安定な酵素であれば室温でエバポレートするなど，教科書的な常識，流れにとらわれず，独自のセンスで進める必要があります．

また，「精製の途中でカラムのトラブルでタンパク質の6割が流出してしまった」「クロマトチャンバーがおかしくなり，酵素の活性が通常より低くなってしまった」．あなたなら，こんな場合どうしますか．精製がうまくいかない人はこのとき，「残りの4割のタンパク質」「一部失活した酵素」を使って精製を継続してしまいます．継

続理由を聞くと「材料がもったいない」「予備検討」といった答えが返ってきます．仮に精製が成功しても，再現させることができないわけですから，こんなときは**思い切って最初からやり直す**ことです．冷静に計算すれば，時間，コストともかからず，成功への近道です．

▶ 常に前向きな姿勢で

　精製できない人はよく「酵素の精製には運もつきもので，誰がやっても完全精製に至らないものがある」と理由づけします．確かに，多様な酵素のなかには精製が難しいものも存在するでしょう．しかし，「自分こそが最初に目的の酵素を精製できる人間である」と信じ，精製できない原因を冷静に解析し，「運」「誰がやっても」といった，隠れ蓑に逃げ込まない姿勢が大切です．これは精神論に聞こえるかもしれません．しかし，自分を信じるためには，実験経験を噛み砕き，実験の目的ばかりでなく，実験の原理や各操作の理由をよく理解し改良することで，実験を自分の意思で主体的に行うことが必要です．酵素の精製に限らず，自分を信じ，目的意識を明確にもち，常に前向きの姿勢でいることが研究を成功に導く原動力となります．

> **おさらい**　1) 酵素精製では，精製の目的を明確にする，2) 適切なスケールで精製する，3) 精製は芸術的かつ大胆に，4) 常に前向きな姿勢で．

Case 36

2章-1 微生物

カビ胞子の形成

カビが胞子を形成しなかった

対処方法

これまで胞子を形成していたのに，植え継ぎの過程で胞子を形成しなくなった場合は，数代前の保存株を起こして培養します．その後すぐに胞子を形成しなくなるようであれば，培地成分が以前と違っていないかチェックします．新たに自然界から分離した菌株が胞子を形成しない場合は，菌糸のクランプ構造の有無を顕微鏡で確認します．クランプが認められれば，担子菌と判断し，子実体の形成を試みるか，胞子を形成しない菌株として扱います．クランプが認められなければ，低濃度培地，別組成培地へ植菌し，胞子の形成を試みます．

!! 対処方法のココがポイント

▶ カビの胞子形成能に影響を与える要因

　カビの胞子には，有性胞子と無性胞子があります．前者には，接合菌類，子のう菌類，担子菌類がそれぞれ形成する接合胞子，子のう胞子，担子胞子などが，後者には，胞子のう胞子（接合菌類），分生子（子のう菌類）などが知られています．**微生物実験で目にするカビの胞子の大部分は，無性胞子**で，自然界から分離した際の同定の指標となるばかりでなく，植菌・菌株の維持を簡便にし，再現性のある物質生産を可能にしてくれます．この点で，胞子形成能を維持することは，カビを実験で取り扱う際の重要な技能といえましょう．

　これまで胞子をよく形成していた菌株が急に胞子を形成しなくなった場合は，**培地組成の変化**を疑います．特に，天然培地の場合，使用していた培地素材のロットやメーカーが変わっただけで，菌の生育や胞子形成能が変化することがあります．筆者自身，寒天を他社に変えただけで，胞子形成能が極端に低下した経験があります．できる限り胞子をよく形成していた培地組成に戻しましょう（Case 34 培地に関する基本，参照）．これに対し，植え継ぎで徐々に胞子形成能が低下している場合は，培地を変えてみましょう．自然環境に比べ，培地は栄養過多とも考えられますので，培地濃度を10分の1にするなどの工夫も必要です．

一方，スクリーニングにより自然界からカビを分離した際，胞子を形成しないカビに出会うことがあります．この場合，まず担子菌を疑います．担子菌は子のう菌ほど"カビらしい"胞子（分生子）を形成してくれません．担子菌の一部は菌糸にクランプ構造（⇒ 1）を形成しますので，もし顕微鏡観察でクランプが認められれば，担子菌と判断し，子実体の形成（⇒ 2）を試みるか，胞子を形成しない菌株として扱います．クランプが認められなければ，さまざまな組成の培地（⇒ 3）や低濃度培地に植菌し，胞子の形成を試みます．

1 クランプ構造　　基本用語

　かすがい連結とも呼びます．これは担子菌類の菌糸にみられる特有の構造で，顕微鏡で菌糸を観察すると，種により各細胞間を渡すようにかすがい形の突起がみられます．菌糸細胞の複核化の痕跡と考えられています．ただし，担子菌類すべてで観察されるものではなく，クランプ構造が観察されないから，担子菌ではないとはいえません．

2 子実体の形成　　知ってお得

　分離した菌株が，クランプ構造の存在により担子菌と同定できても属・種の同定までには至りません．現在では，DNAレベルの同定も可能ですが，やはり子実体形成による同定が必要な場合があります．子実体とは，一般にきのこと呼ばれるもので，シイタケ，マイタケ，マツタケなど私たちの生活と深いかかわりをもっています．シイタケ，マイタケのような，腐生性のものは比較的子実体形成が容易ですが，マツタケのような植物と共生する菌根菌はその形成はホンシメジなどの一部を除き困難とされています．

3 さまざまな組成の培地　　成功のコツ

　ここでは，胞子形成培地の工夫例を紹介します．筆者の研究室にスギの生葉より分離したカビで胞子を形成しないものがいました．ある学生がさまざまな工夫を試みた結果，培地にスギの葉の粉砕物を添加することにより，無性胞子の形成が認められ，属の同定に至りました．分離した環境を考慮した培地を調製することも胞子形成につながることがあるようです．

◆参考図書＆参考文献
- 『微生物基礎』（中西載慶，篠山浩文 他／著），実教出版，2004

おさらい　急に胞子を形成しなくなった場合は，培地組成の変化を疑います．植え継ぎで徐々に胞子形成能が低下している場合は，培地を変えてみましょう．

Column ③

「実験室」と「現場」のコミュニケーションの大切さ

近年，分子生物学的技術の発展により医科学ばかりでなく，環境科学や農学分野においてもバイオテクノロジー技術が活用されてきています．例えば，環境微生物の菌相解析では，リボソームRNAの遺伝子の多様性を解析することにより，特定の環境中に生息する微生物の種類を培養が難しい微生物を含めて同定することが可能となりました．

これに対し，農学，特に農業現場における「経験則に基づく栽培技術」に関しては，その技術による収量増大や病害虫防除効果が認められていても，その効果のほとんどが"科学的"に解明されていません．ここでは，昔から収量増大や病害虫防除のために用いられている農業資材「木酢液」の効果解明を1つの例として，現場での経験則に基づく栽培技術をバイオテクノロジーで解析する重要性について筆者自身の研究を踏まえて考察したいと思います．

木酢液とは木の炭化時に得られる有機酸混合物のことで，農業現場では収量増大や病害虫防除効果を期待した農業用資材として古くから利用されています．ところが研究者の間でその効果を疑問視する声も多いことから，筆者らは2000年ごろ木酢液の抗菌効果に関する検証実験を試みました．確かに，原液〜100倍程度の希釈液では，各種病原菌に対して抗菌効果が認められたものの，作物への葉面散布で実際に使用する濃度（500〜1,000倍希釈木酢液）では，ほとんど効力がないという結果が得られ，他の研究者の結論と一致しました．ところが，実際の農業現場で，農家の手により木酢液散布区と無散布区に分けてイチゴを栽培すると，木酢液散布区で病虫害が減り，質の高いイチゴが高収量で収穫されるのです．このように，木酢液の効果が現場と実験室で異なるのはなぜでしょうか？

筆者らはこの疑問を解決すべく，イチゴを用いて木酢液散布区と無散布区それぞれの生葉を採取して，予備的に葉面微生物の分離を試みました．すると，木酢液を散布した葉からカビの生育を抑制する細菌が高頻度で確認されました．さらに，これらの細菌を分離して，イチゴ灰色かび病菌の生育阻害効果を調べたところ，明らかに抗カビ効果が認められ，それらの細菌は抗カビ物質を生産していることも明らかとなりました（図1）．そこで次のような仮説を立ててみました．いわば「風が吹けば桶屋が儲かる」といった仮説です．

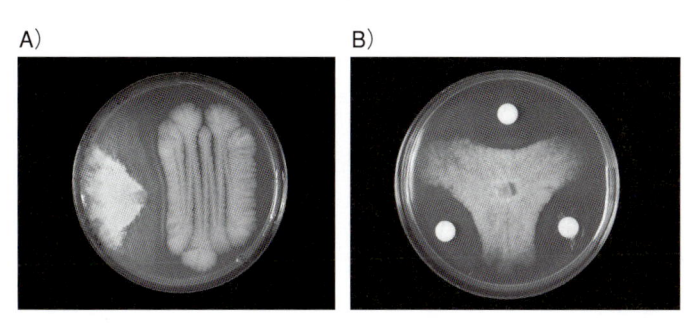

2章 材料の調製——微生物，細胞・組織，動物

図1 ● 木酢液を散布した葉から分離された細菌によるイチゴ灰色かび病菌の生育阻害効果
A）右：分離した細菌；左：イチゴ灰色かび病菌．B）分離細菌の培養液による抗カビ効果

仮説：「木酢液の散布→葉面に抗カビ物質を生産する細菌群が優占的に生息→病原菌（カビ）および食植性昆虫（害虫）を誘引するカビの減少→病害虫の発生防除」

早速，イチゴ栽培の専門家である千葉大学塚越覚博士との共同研究で，附属農場で木酢液散布区と無散布区を設け，木酢液の効果を際立たせるために木酢液以外に何も散布しない，過度な手入れをしないことを基本として，イチゴを対象とした検証実験を開始しました．ところが，収穫期に近づくにつれて，ダニやアブラムシの被害が顕著になり，仮説は"ハズレ"と思われました．しかし，農業現場では木酢液だけを散布して後は何も手を加えないという極端な栽培方法は行いません．

次年度は考えを改めて，昨年の"イチゴ生育実験"でなく，現場での経験やノウハウに基づくイチゴ栽培を基本とし，そこに木酢液の試験を組込むという本格的な"イチゴ栽培"で仮説検証を試みました．その結果，栽培は見事に成功し，美味しいイチゴが実りました．さらに，仮説を裏づけるように木酢液散布区の生葉に抗カビ細菌が生息していました（図2）．しかし，この結果により「仮説が検証された」とはいえません．抗カビ細菌が葉面で病原菌の生育を阻止したという直接的な証拠が得られていないからです．葉面微生物はお互いに影響を受けながら生息していると考えられるものの，その生態は未知な部分が多いことから，現在多くの研究が進めら

れています．本書の執筆者須田氏もその先駆者の一人です．

ところで，木酢液に限らず，農業分野では，現場で効果が認められていても，科学的に解明されていないことを理由になかなかその効能をアピールしにくい資材，手法などが多いように思われます．農業が農家の皆さんがおもちのいろいろな知恵，経験，さらに愛情などを複合的に絡みあわせて実践されることによって成り立っているものだとしたら，現在もちあわせている研究手法だけで農業を「科学的に」解析しても，限界があるのは当然でしょう．「科学的」のなかに，知恵，経験，愛情などといった複雑な要因が加味できないところに大きな問題があるように思われます．農業分野における現行の研究手法に限界がみえてきているにもかかわらず，実験室レベルの単純化，理想化した検証実験だけで，直接的かつ短絡的に資材，手法の有効性を結論づけることは難しいと思われます．経験的に有効であることがわかっている資材や手法に科学的根拠を結びつけられずに埋もれてしまうことだけは阻止したいものです．それでは，農業現場と，実験室のギャップを埋めるには，さらに，経験や愛情を科学的に裏づけるにはどのようにしたらよいのでしょうか．その答えは現場とコミュニケーションを図りながら研究を進めること以外に得る道はないと考えます．

ここでは，筆者が経験した農業資材「木酢液」を例にとり，「実験室」と「現場」を埋めることの重要性を解説しました．現場に定着している技術のなかには一見科学的でないようにみえるものの，その「複雑さ」ゆえに現時点での実験手法では解析が難しいものが多くあると思われます．今後，バイオテクノロジーにより，環境や農業など，すでに現場で動いている分野の現象解析にチャレンジする場合には，この「木酢液」の例のように現場とのコミュニケーションのなかで真実をつかむ姿勢が必要となります．　　（篠山浩文）

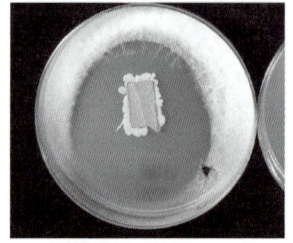

図2 ● 木酢液散布生葉に生息する細菌の抗カビ能

Column ④

失敗は成功のもと
～未利用バイオマスを宝に換える新規酵素の発見から学ぶ～

筆者らは，これまで循環型社会構築への貢献を目的に，有用微生物のスクリーニングや，微生物の生産する糖質分解酵素，特にキシラン分解酵素の配糖化機能を活用した未利用バイオマスからの有用配糖体の酵素的合成について報告しています．配糖化機能を有するキシラン分解酵素を得ようとした場合，キシラナーゼ活性やβ-キシロシダーゼ活性を示すもののなかから配糖化機能の強いものを選ぶことが，一般的なスクリーニング手順です．筆者らも，このスクリーニング手順に従い，各種微生物の培養液中に配糖化能の強いキシラナーゼやβ-キシロシダーゼを探索していたところ，図1のような結果に遭遇しました．

図1は，ある Trichoderma 属糸状菌とPenicillium 属糸状菌の培養液（粗酵素液）にキシランを添加し，30℃，24時間反応させたときの反応液中の生成物を薄層クロマトグラフィーにて検出した結果です．Trichoderma の培養液による反応では，キシロビオースやキシロトリオースなどのオリゴ糖が遊離してくる（図1A）のに対し，Penicillium の方では，ほとんど反応生成物が認められません（図1B）．通常は，この結果を，「Trichoderma はキシラナーゼを生産しているのに対し，Penicillium はキシラナーゼを生産していない」と判断します．前述したスクリーニング手順に従えば，この時点でTrichoderma の方が選抜され，Penicillium の方は捨てられてしまいますが，このとき筆者らは，図2の実験も同時に行っていました．

図2は，キシランのほかに植物に含まれるフェノール性化合物「カテコール」も培養液に添加して反応させるといった，培養液中のキシラナーゼの配糖化能を調べる実験の結果です．Trichoderma は，糖転移（配糖化）反応が起こり，オリゴ糖以外に配糖体も検出されました．一方 Penicillium の方はどうでしょうか．図1において，キシラナーゼは生産されていないと判定されていますので，当然ここでも反応生成物はみられないと思われます．ところが，その予想に反し，図2のように，Penicillium においても配糖体の生成

A)

Trichoderma 培養液
↓
キシラン → [構造式] → キシロビオースなど
↓
キシラン分解酵素が存在する

TLC結果
Front
X1
X2
X3
X4
Origin
S T

B)

Penicillium 培養液
↓
キシラン → キシロビオースなどの遊離が認められない
↓
キシラン分解酵素が存在しない？

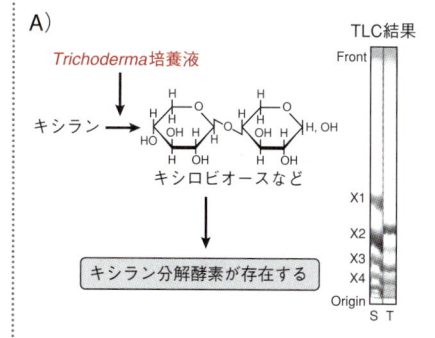

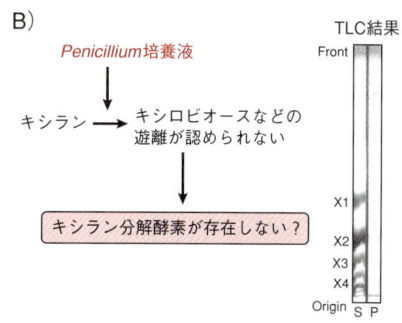

TLC結果
Front
X1
X2
X3
X4
Origin
S P

図1 ● Trichoderma と Penicillium どちらの培養液にキシラン分解酵素が存在する？
T：Trichoderma 培養液による反応，P：Penicillium 培養液による反応．S：標準物質（X1：キシロース，X2：キシロビオース，X3：キシロトリオース，X4：キシロテトラオース）

が認められ，生成量はTrichodermaより多いという一見矛盾する結果が得られたのです．筆者と本研究に大きくかかわっていた大学院生の山崎隆之は，当初，この結果についてサンプルの取り違いや反応ミスといった"実験上のミス（失敗）"を疑いました．しかし二人でさまざまな可能性を探求した結果，「キシラン分解酵素が存在しないと思われていたPenicilliumの培養液中に，カテコールが共存するとき活性を示す新規なキシラン分解酵素が存在するのでは？」といった仮説の展開に至りました．

そこで，山崎は上記Penicilliumの培養液から新規キシラン分解酵素の精製を試み，カラムクロマトグラフィーによりSDS-PAGEにおいて単一な酵素標品を得ました．本標品はキシランを単独基質とした水溶液中ではキシランをほとんど加水分解しないのに対し，キシランとカテコールを共存基質とした水溶液中ではキシランを分解し，カテコールβ-キシロシドなどの配糖体を著量生成しました．このように，精製標品においても，培養液の検討（図1）においてみられた反応が確認され，"通常の水溶液ではキシランを分解しないキシラン分解酵素"の存在が明らかとなったのです[1]．その後，本研究室の萩原，斎藤，知久らも市販Trichoderma酵素剤や他の糸状菌，細菌からも同様な酵素を精製し，"キシランを分解しないキシラン分解酵素"が，自然界に広く存在していることを示唆しています．

今回偶然発見された新規酵素は，酵素学的にも興味深いものですが，植物成分であるフェノール性化合物が存在するときに初めて活性が発現することから，植物と微生物のコミュニケーションにかかわる鍵酵素の1つではないかと予想しています．さらに，新規酵素は，既知の酵素に比べ配糖化能が高いことから，未利用バイオマスを効率よく"宝"に換える実用酵素として大いに活用したいと考えています．

実験結果が予想どおりにいかないとき，得てして「失敗した」と考えがちです．筆者らも，本コラムのように，一見矛盾する結果を単純な失敗と考えて，危うく新規酵素を捨ててしまいそうになりました．実験結果が予想どおりにいかないときは，失敗と決めつけず，むしろ新しい発見が潜んでいるのではないかと期待をもって原因を探求することをおすすめします．

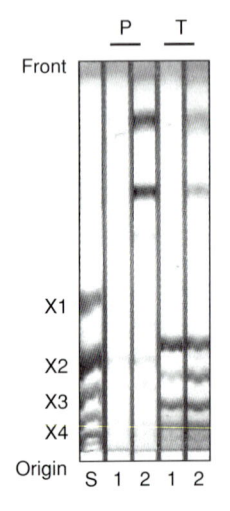

図2●キシラン，カテコール共存下におけるTrichoderma，Penicillium培養液の反応
T：Trichoderma培養液による反応，P：Penicillium培養液による反応．1：培養液＋キシランの反応液，2：培養液＋キシラン＋カテコールの反応液，S：標準物質（X1：キシロース，X2：キシロビオース，X3：キシロトリオース，X4：キシロテトラオース）

◆参考図書＆参考文献

- 1) 篠山浩文：キシランを分解しないキシラン分解酵素が存在する？セルラーゼ研究会報，16：57-60，2001

（篠山浩文）

Case 37

2章-2 細胞

細胞培養とカビ

細胞培養していたらカビが生えてしまった

対処方法

培養細胞やインキュベーターにカビを見つけたら，直ちにそのフラスコやプレートを捨てましょう．カビが生えたサンプルの近くにあるものも汚染されているかもしれません．あやしいものは，すべて除去しておく方が安心です．その際には，ほかに胞子が飛び散らないよう細心の注意を払いましょう．また，インキュベーターと無菌室を徹底的に清掃します．カビが生えやすいのは，培地とインキュベーターの水です．

!! 対処方法のココがポイント

▶ カビの適切な処理と再発を防ぐ方法

カビは通常，培地に加えている抗生物質（⇒ 🔑 1）では効きません．カビを見つけたら，徹底的に対処し，今後カビを発生させないようにしなければなりません．他の実験者にも迷惑がかかります．無菌室内に使用済みの培地や培養器などがあれば，なるべく早く捨てましょう．その際には，**オートクレーブをかけてから処理します．**

無菌室内は常に清潔にしておくことが肝心です．もしもカビが発生したら，無菌室内を清掃した後，床も壁も拭けるところはすべて薄めた次亜塩素酸で拭きましょう．

ただし，**CO_2 インキュベーター（図1）内では次亜塩素酸を使わないようにします．** 塩素系の消毒薬には細胞毒性があるので70％エタノールでよく拭きます．トレイはアルミホイルで包んで乾熱滅菌をしましょう．それでも不安ならば，乾電池式のUVランプをCO_2インキュベーターに突っ込んでしまうのも手です．

トレイの水は滅菌した水を必ず使うこ

図1 ● CO_2 インキュベーター

表●培地に加える主な抗生物質と抗真菌剤

抗生物質名	必要濃度	作用範囲	37℃培地における耐性	作用機序（阻害）
ペニシリン（ペニシリンG）	50〜100 units/mL	グラム陽性菌	3日	細胞壁合成
硫酸ポリミキシンB（ポリミキシンB）	100 units/mL	グラム陰性菌	5日	細胞質膜
硫酸ストレプトマイシン（ストレプトマイシン）	50〜100 μg/mL	グラム陽性菌 グラム陰性菌	3日	タンパク質合成
硫酸カナマイシン（カナマイシン）	100 μg/mL	グラム陽性菌 グラム陰性菌 マイコプラズマ	5日	タンパク質合成
硫酸ゲンタマイシン（ゲンタマイシン）	5〜50 μg/mL	グラム陽性菌 グラム陰性菌 マイコプラズマ	5日	タンパク質合成
抗PPLO剤（Tylosin）	10〜100 μg/mL	マイコプラズマ	3日	タンパク質合成
アンホテリシンB（ファンギゾン）	0.25〜2.5 μg/mL	カビ，酵母	3日	細胞質膜
ナイスタチン	100 μg/mL	カビ，酵母	3日	細胞質膜

と，防カビ剤としてパラヒドロキシ安息香酸メチル（5g程度）などを添加しておくとよいでしょう．ただし，防カビ剤の種類によっては細胞毒性のあるものもありますから確認して用います．

再びカビを発生させないためには，無菌室を利用する全員が細心の注意を払う必要があります．改めて，無菌室の利用のしかた（⇒ 2）を見直してみましょう．

1 細胞培養に用いる抗生物質と抗真菌剤（表） 知ってお得

コンタミネーションを防ぐために，培地に抗生物質を加えることはよく行われています．

一般的に用いられているのは，ペニシリンとストレプトマイシンです．これらはストック液を濾過滅菌して培地に加えます．無菌バイアルや混合液でも販売されています．カナマイシンはオートクレーブ滅菌に耐えるので，滅菌前の培地調製時に加えることができます．最初からカナマイシンを加えている粉末培地も販売されています．

真菌に効果のある抗真菌剤にはアンホテリシンB（商品名ファンギゾン），ナイスタチン（マイコスタチン）などがあります．これらの抗生物質は細胞毒性がありますので，日常的に用いることは避けましょう．培地にカビは生えやすいもの

です．あやしいと思ったらすぐに使用をやめましょう．

　培地に抗生物質を加えたからといって，抗生物質に頼ってはいけません．培地中の抗生物質の効果の持続期間も短いのです．きちんとした無菌操作ができていれば，抗生物質を加える必要はありません．

2 無菌室の利用　基本ルール

　空気はほこりや微生物でいっぱいです．実験者自身も汚染源であることを認識しましょう．上履きや白衣は必ず無菌室専用のものを用いることは当然ですが，白衣から着衣が出てはいけません．フードつきの洋服も好ましくありません．確認してみましょう（図2）．

　無菌室の無用な出入りは避けましょう．無菌室に入る際のドアの開け閉めも気をつけます．長時間，扉を開けていることはないようにしましょう．

　また，無菌室内も，窓は閉めてあること，入り口付近に実験台やクリーンベンチがないこと，不要な備品や器具は置いていないこと，などを再確認してみましょう．きちんとした無菌操作を行えば，コンタミネーションは防げるものです．

　CO_2インキュベーターの利用も細心の注意を払いましょう．扉の開閉はなるべく少なく，扉が半開きのままなどということはないようにします．水は週に1回は交換し，トレイは頻繁に清掃をします．

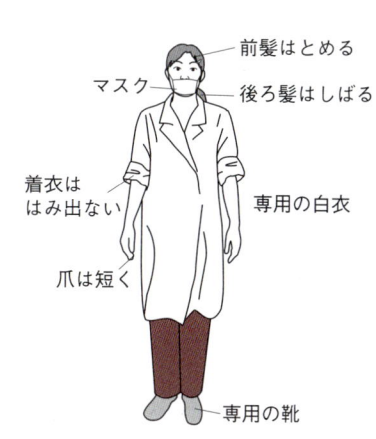

図2● 無菌室に適した身だしなみ

（ラベル：前髪はとめる／マスク／後ろ髪はしばる／着衣ははみ出ない／専用の白衣／爪は短く／専用の靴）

2章　材料の調製──微生物，細胞・組織，動物

◆参考図書＆参考文献
- 『細胞工学概論』（村上浩紀，菅原卓也／著），コロナ社，1994
- 『アット・ザ・ベンチ』（Kathy Barker／著，中村敏一／訳），メディカル・サイエンス・インターナショナル，2005
- JCRB Cell Bank ホームページ：http://cellbank.nibio.go.jp/indexpractice.htm
- 『インビトロジェンカタログ』，インビトロジェン

> **おさらい**　カビが発生したら直ちに除去し，無菌室内とインキュベーター内を清掃します．

Case 37 ● 細胞培養とカビ

Case 38

2章-2 細胞

接着細胞の剥離

接着細胞を植え継ぎしようとしたら，細胞が容器からはがれなかった

対処方法

接着の度合いは細胞によって異なります．細胞をはがす手段としては，①容器を振ってみる（ただし静かに），②EDTA-PBSを加える，③トリプシン処理をする（室温でだめな場合は37℃で），④トリプシン処理を繰り返す，⑤トリプシン以外の細胞剥離剤で処理をする，⑥スクレーパーを使う，があります．これらで試してみましょう．

!! 対処方法のココがポイント

▶ 接着細胞のはがし方

　接着細胞（⇒ 1）は増殖の際，何らかの担体に接着していなければならないタイプの細胞です．接着の強さや形態は細胞によりさまざまです．

　①分裂中あるいはゆるく接着した細胞は，容器を静かに振る程度でもはがれることがあります．

　②多くの細胞の接着はCa^{2+}イオンに依存しており，EDTAのようなキレート剤により解離します．そこで接着力の弱い細胞であればEDTA-PBSのみで充分にはがすことができます．

　③細胞の接着をはがすためによく使われる方法は**トリプシンにより細胞接着因子や細胞外基質の成分を消化して結合をゆるめる方法**です．トリプシン処理の条件はいろいろあり，人によって異なるようですが，トリプシンは細胞のタンパク質にダメージを与えますので，「量をなるべく少なくする」「処理時間をなるべく短くする」など，なるべく穏やかな条件で行います．トリプシン処理を行う際は，細胞がはがれないからといってむやみに量を増やす必要はありません．ディッシュの表面を覆う程度に加えたらすぐに除去します．EDTAとトリプシンを混ぜたもので処理する場合もあります．いずれもはがれる条件は細胞により異なりますから，はじめに検討しておく必要があります．トリプシン処理時間は長すぎても細胞に悪影響を与えます．**細胞が完全にはがれるまで処理しては，やりすぎです**．目安は肉眼ではディッシュの底に細胞液が流れる様子が観察されるぐらい．顕微鏡で見ると細胞が接着

したまま少し丸くなったぐらいです（図）．ほとんどの細胞は室温ではがれますが，はがれにくい場合は，37℃インキュベーターに数分入れます．

④同じ細胞株でも個々の細胞によりはがれやすかったり，はがれにくかったりする場合もあります．その場合は数回に分けてトリプシン処理を行い，完全に全部をはがします．トリプシン処理が不充分で，接着の弱い細胞ばかりを回収して，長期に植え継ぎを続けているとその細胞株の細胞集団を変化させてしまうことがあります．

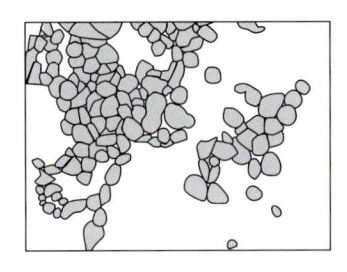

図●適度なトリプシン処理

⑤トリプシンの代わりにコラゲナーゼやディスパーゼなどのタンパク質分解酵素を用いるとよい場合もあります．また，各メーカーもさまざまなタイプの細胞剥離剤を開発，販売しています．カタログなどで検討してみてください〔例：TrypLE Select（動物成分を含まない組換えプロテアーゼ），インビトロジェン〕．

⑥スクレーパーを用いて，機械的に細胞をはがす方法もありますが，細胞を傷つけやすく細胞の生存率を下げるので，注意深く行う必要があります．セルスクレーパーには，硬質ゴム製やシリコンゴム製のものがあります．

1 接着細胞　基本用語

培養容器の表面に接着して単層で生育する細胞のことをいい，このように培養容器の表面に細胞を接着させて培養する方法を単層培養といいます．

接着細胞は胚の外胚葉由来や内胚葉由来のものが多いです．このなかには上皮細胞（代表的な細胞：HeLaやMDCKなど）や線維芽細胞（代表的な細胞：NIH3T3，WI38など）が含まれます．

そのほか，神経細胞のように細胞質突起を伸展するものやマクロファージのようにアメーバ様形態を示すものも接着細胞に含まれます．生育する形態はさまざまですが，多くの細胞は平面状に広がります．

一方，培地の中で懸濁された状態で生育する細胞を浮遊細胞といいます（代表的な細胞：HL60，653，FM3Aなど）．主に血球由来の細胞です．

> **おさらい**　細胞をはがすにはEDTAおよびトリプシン処理が一般的です．なるべく細胞に対するダメージの少ない方法を選択しましょう．

Case 38 ●接着細胞の剥離

Case 39

2章-2 細胞　　　　　　　　　　　　　　　　　接着細胞の培養

接着細胞が容器からはがれて死んでしまった

対処方法

細胞密度が高すぎると，細胞は容器からはがれてしまいます．細胞の密度を落とし，血清を少し多めにして培養しなおしましょう．培養容器が接着細胞の培養に適したものではない場合は，直ちに適した培養容器に変えます．細菌用の容器と間違えることがありますので注意が必要です．

!! 対処方法のココがポイント

▶ 元気な細胞の特徴と適切な培養の方法

　細胞の接着の強さは細胞の種類により異なります．しかし，培養している細胞の接着の様子がいつもと違うと感じたら，まず細胞の様子や密度をよく観察してみます．細胞培養に慣れていない人は毎日細胞を観察しましょう．細胞の様子の違いがわかってきます．

　元気な細胞は，光沢があり，接着して長く足を伸ばしていたり，ひし形になっている様子が観察できます（図）．細胞の適当な密度の目安は，容器の細胞の間に適度な隙間がみられ，単層のシート状に接着している状態です．

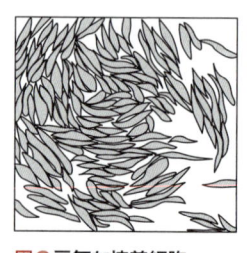

図●元気な接着細胞
接着細胞は接着すると，長く足を伸ばしたりひし形になります

　植え継ぎは細胞が培養面を埋めつくされる（コンフルエントの状態）前に必ず行いましょう．細胞の増殖が過剰となり密度の高い状態になると，器壁に接着できなくなった細胞は培養液中に浮遊して死んでしまいます．さらに接着していた細胞も栄養分の枯渇，代謝産物の蓄積によるpHの低下で弱り，やがて死滅します．pHが低下すると添加しているpH指示薬のために培地の色も黄色くなってきます．

　また，長期にわたり植え継ぎを繰り返していると，増殖に従い，細胞がはがれやすくなってくることがありま

表●培養に使われる容器

容器名	仕様・規格	特徴
フラスコ	培養面積が25cm^2，75cm^2，150cm^{2}が一般的．スラントタイプ（口部が傾斜）とストレートタイプ（口部に傾きがない）がある	使いやすい．スクリューキャップがついているため，密封状態での培養が可能．接着細胞，浮遊細胞とも使用可
ディッシュ	直径（培養面積）35mm（9cm^2），60mm（21cm^2），100mm（55cm^2）が一般的	細胞を回収しやすい．安価．通常，接着細胞に使われ，表面処理が施されている
マルチウェルプレート	標準サイズは86×128mm，96穴，48穴，24穴，12穴，6穴のものがある	少量の培地や細胞での培養が可能．接着細胞，浮遊細胞とも使用可．細胞のクローニング，マイクロアッセイに便利
チャンバースライド	スライドグラス上にプラスチック製またはゴム製の1～8個のチャンバーがつくられている	培養後，チャンバーをはずせばそのまま標本になる．細胞病理学検査，細胞組織化学検査などに利用

2章 材料の調製 — 微生物，細胞・組織，動物

す．細胞が元気な早い段階で，細胞株を保存しておきましょう（Case 40参照）．

細胞の培養容器（⇒ 🔲1）は，接着細胞に適したものかどうかを確認してみましょう．接着細胞は必ず組織培養用の培養容器を用います．組織培養用の容器は，ポリリジンやコラーゲンで表面を処理しており，細胞の接着を促します．形は似ていますが，細菌培養用の容器は表面処理がされておらず，接着細胞には不向きです．

🔲1 培養容器　器具の基本

細胞や組織を培養する容器にはガラス製とプラスチック製がありますが，洗浄，滅菌が不要で取り扱いのしやすさから，研究室で用いるのはディスポーザブルのプラスチック製が主流です．主な培養容器は，ディッシュ，フラスコ，マルチウェルプレートです（表）．

◆参考図書&参考文献

- 『細胞培養なるほどQ&A』（許　南浩／編，日本組織培養学会，JCRB細胞バンク／協力），羊土社，2004
- 『バイオ実験イラストレイテッド⑥すくすく育て細胞培養』（渡辺利雄／著），秀潤社，1996
- 『細胞工学概論』（村上浩紀，菅原卓也／著），コロナ社，1994
- JCRB Cell Bank ホームページ：http://cellbank.nibio.go.jp/indexpractice.htm

おさらい　細胞が増殖過剰であれば，すぐに適した条件で植え継ぎをしましょう．
培養容器は接着細胞用のものを用いましょう．

Case 40

2章-2 細胞　　　　　　　　　　　　　培養細胞の維持

培養細胞が増えなかった／増えすぎた

対処方法

　細胞の増殖速度は，培養条件に大きく左右されます．例えば，血清の種類や濃度が異なると，増殖速度は変化します．また，古い培地を用いたときや血清のロットが影響することもあります．培養条件が以前と変わっていないか確認してみましょう．

　培養条件を変えたときは，増殖曲線を描いて細胞の増殖率を測定しておきましょう．培養の容器が細胞に適したものでなければ，直ちに交換します．

　細胞の密度は高すぎても低すぎても，細胞の増殖に影響します．適当な細胞密度になるように植え継ぎします．細胞が弱っているようであれば，ストックした細胞株を用いて培養をやり直します．いずれにしても，細胞の状態は常に観察しておくことが肝心です．

!! 対処方法のココがポイント

▶ 細胞の生存率を維持する方法

　動物細胞を培養するときは常に一定の細胞密度を保つことが重要です．細胞密度が高いと生存率が低下しやすく，細胞密度が低すぎると増殖できない細胞が出てくる場合があります．また，**極端に細胞密度を変化させると，変異した細胞の選択的な増殖が起こり，気がつけば本来とは異なる形質の細胞を培養していたということが起こるかもしれません．**

　細胞の生存率は植え継ぎしたときの条件に大きく影響されます．過剰に増殖させると，浮遊細胞では増殖が停止し，生存率の低下が起こり，やがて死滅してしまいます．接着細胞では器壁に接着できなくなり，浮遊細胞となり，やはり死滅してしまいます（Case39参照）．細胞を植え継ぎする場合は，まず増殖曲線（⇒図1）を作製し，用いる細胞の増殖特性を示しているかを把握しておくことが必要です．

　長期にわたり培養細胞の植え継ぎを繰り返していると，形質の変化や，マイコプ

ラズマに感染するおそれがあります（Case 42 参照）．そこで，このような状態を避けるために**細胞を凍結保存します**（⇒🔖2）．細胞を凍結するときは，適度な密度で凍結しましょう．細胞密度が少なすぎると融解後に増殖を始めなかったり，あるいは多すぎると細胞の状態がよくならなかったりすることがあります．4×10^6 〜 2×10^7 個/mL ぐらいの細胞密度が適当です．

🔖1 細胞の増殖曲線　基本用語

細胞の増殖率や増殖条件を検討するときは，増殖曲線（図）を描いて調べます．増殖曲線とは細胞を新たに培養し，経時的に細胞の数を数えて得られます．一般には遅延期，対数増殖期，定常期，死滅期からなります．増殖曲線は細胞の種類や培養条件によりかなり変動します．増殖速度は倍加時間（doubling time）で表します．倍加時間は世代時間ともいい，ある生物集団が2倍になるために要する時間のことをいいます．植え継ぎや培地交換のタイミングを決める目安になります．

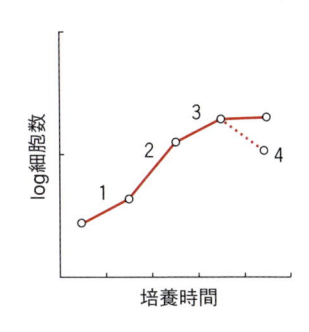

図●細胞の増殖曲線の例
1：遅延期，2：対数増殖期，
3：定常期，4：死滅期

🔖2 細胞の凍結保存法　成功のコツ

細胞を長期間，植え継ぎ維持していると，形質の変化やマイコプラズマなどによるコンタミの危険などがあります．そこで，新しい細胞株を入手したら，直ちに細胞を増やして凍結保存しておきます．定期的に凍結ストックを解凍し，培養することで長期的に安定した培養実験を行うことができます．

対数増殖期の細胞を，遠心分離により $1 \sim 5 \times 10^7$ 個程度集め，凍結培地に懸濁させて，徐々に凍結させます．凍結培地は，通常の培地に保護剤としてジメチルスルホキシド（DMSO 5〜10％）またはグリセリン（10％）を加えたものを用います．-196℃の液体窒素中で保存するのが理想ですが，-80℃でも1年以上保存が可能です．市販の凍結培地（セルバンカー，三菱化学ヤトロン）を用いると，培地の調製の手間も省け，直接ディープフリーザーで凍結できるので便利です．

◆参考図書＆参考文献
- 『培養細胞実験ハンドブック』（黒木登志夫，許　南浩／編），羊土社，2004

> **おさらい**　動物細胞の培養は常に**一定の培養条件と細胞密度を保つ**ことが重要です．

Case 41 細胞数の計数値がばらついた

2章-2 細胞　　　　細胞数の計測

対処方法

浮遊細胞ではピペッティングにより，また接着細胞ではトリプシン処理などで充分はがし，それぞれ細胞が1個1個ばらばらに分散していることを顕微鏡で確認しましょう．この細胞懸濁液の一部をとって計数しますが，その際も直前によくピペッティングしましょう．細胞は沈殿しやすい粒子であることを常に念頭におき操作をすることが肝心です．

!! 対処方法のココがポイント

▶ **細胞数の正しい数え方**

　正確な細胞数を知ることは，最も基本的で重要な手技の1つです．細胞数の計測は色素排除法を用いて，生細胞を数えるのが一般的です．細胞がうまく懸濁されていなかったり，細胞の塊があると計数値がばらつきます．そこで，細胞の計数を行うためには，細胞がばらばらに分散していることが必須条件です．

　細胞試料にトリパンブルーまたはニグロシンを混ぜておくと，これらの色素により死細胞は青黒く染まります．色素を混ぜた細胞液を血球計算板（⇒ 1 ）に流し，カウンターで数えます．

　血球計算板上にある細胞の数は多すぎても少なすぎても的確に計数できません．1mm×1mm四方（1×10^{-4}mL）に30〜300個あるのが理想です．その範囲に入らない場合は細胞液の希釈や濃縮をします．計数の際には枠の四辺のうちの二辺は数えません．数えない枠はどれにするか決めておきましょう．また，同じ細胞を二度数えたりしないように，計数はいつも一定の方法で行うと再現性がよいです．

　汚れた計算板も誤差の原因となります．血球計算板は常にきれいにしておきましょう．そして計数はできるだけ手早く行うよう努めます．ぐずぐずしていると生細胞まで染まってしまいます．

🖙 1 血球計算板　器具の基本

　血球計算板はやや大型のスライドグラスで，その中央に 2 本の溝が掘ってあります．その溝の間がくぼみとなっています．そこにカバーグラスを，ニュートンリングができるよう密着させ，その間に細胞液を流し込みます．

　トーマの血球計算板（図）では，中央に 1 mm を 20 間隔に区切った正方形のマス目（一辺 0.05 mm）があります．計数部分は縦 1 mm 横 1 mm の枠で，その枠内の細胞の数を数えます．計算枠内の深さは 0.1 mm ですから，細胞の存在した液量は 0.0001 mL となります．

　計測値の平均値から希釈率を考慮して，1 mL あたりの細胞数を算出します．計算板にはトーマ型以外にも，ビルケルチュルク型，ノイバイエル改良型などがありますが，基本的な使用法は同じです．

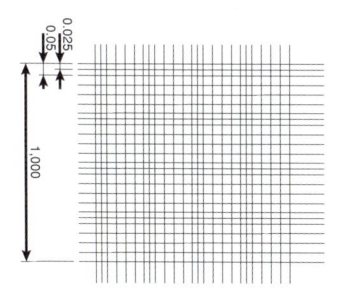

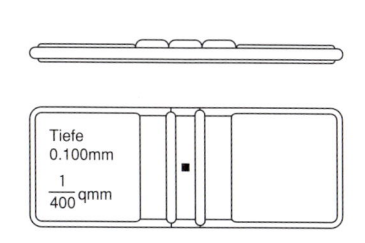

図●トーマ血球計算板
1 区画の容積は 0.00025 mm^3（0.05 × 0.05 × 0.1 mm）となります

◆参考図書＆参考文献

- 『バイオ実験イラストレイテッド⑥すくすく育て細胞培養』（渡辺利雄／著），秀潤社，1996
- 『細胞工学概論』（村上浩紀，菅原卓也／著），コロナ社，1994

おさらい　細胞の計数は，細胞をよく分散させて行いましょう．

2 章　材料の調製――微生物，細胞・組織，動物

Case 42　2章-2　細胞　動物細胞の植え継ぎ

細胞の植え継ぎの際，フタを開けた容器の上に手をかざしてしまった

対処方法

　皮膚や爪の間に付着したバクテリアがコンタミ（または混入）する可能性がありますが，殺菌したキャビネット内で，消毒した手を使って通常の無菌操作を行えば問題なく培養できます．しかし，重要な実験の場合は，他のフラスコから植え継いだ細胞も用意しましょう．

　細胞培養を行うとき，実験室内はもとよりキャビネット内を整理整頓し，初めて行う操作では実際にあるいは頭の中でコールドラン[*1]を行ってから実験しましょう．また，マイコプラズマ感染は実験者から起こるので，感染の有無についてキットを用いて確認しましょう．

!! 対処方法のココがポイント

▶ 動物細胞の植え継ぎでコンタミを防ぐ方法

　バクテリアの培養に比べ動物細胞培養では，コンタミの防止をより慎重に行う必要があります．多くの動物細胞の倍加時間（Doubling time：1つの細胞が分裂し2つの細胞になる時間）は16時間以上ですが，バクテリアである大腸菌の倍加時間は20〜30分です．このため，動物細胞の培地にバクテリアや他の微生物がコンタミすると，それらが優先的に増殖します．しかし，バクテリアなど増殖能力が高い微生物がコンタミした場合，培養器内が明らかに濁ってきて，色が変化するためすぐにわかります．

　培養細胞で問題となるのはマイコプラズマの感染です（⇒ 1）．マイコプラズマは，実験者の唾液などから感染することがしばしばあります．そして，マイコプラズマは細胞と共存して増殖するため，コンタミしても見つけにくく，大変厄介です．このため，植え継ぎに際しては，**手をよく洗ってから70％エタノールで消毒し，フ**

[*1] コールドラン（Cold run）は，放射性同位元素を用いた実験を行う際に，放射性（ホット：Hot）でない物質（コールド：Cold）を用いて，実施（run）する実験の練習のことです（Case72参照）．放射性物質を用いるとき以外でも危険な物質を扱うときや貴重な検体を使用するとき行う練習もコールドランといいます．

ラスコやプレートに手をかざさないようにします．また，ピペットは綿栓付きを用い電動式ピペットで操作します．少量の溶液を扱うためマイクロピペットを用いる際も，綿栓付きチップを用います．

また，細胞の実験では，実験の再現性を含めて可能な範囲で，2回（duplicate）以上実験します．

1 マイコプラズマ　知ってお得

マイコプラズマは，細胞壁がなく不定形をしているため，0.22 μmのフィルターを通過してしまいます．また，感染後細胞と共存するため発見が難しく，しばしば大きな感染を招きます．マイコプラズマの除去製品がありますのでいくつかあげてみましょう．

① 培養細胞を処理することでマイコプラズマを除去する製品

 Mynox Mycoplasma Elimination kit

 （Minerva Biolabs：http://www.minerva-biolabs.de，フナコシ）

② キャビネット内やインキュベーター内のマイコプラズマを除去する製品

 Mycoplasma Off

 （Minerva Biolabs：http://www.minerva-biolabs.de，フナコシ）

③ マイコプラズマを検出する製品

 MycoAlert Mycoplasma Detection Kit

 （Lonza社：タカラバイオ）

上記③はマイコプラズマの酵素を測定するキットです．生きているマイコプラズマを検出できます．植え継ぎの際に検査することが望ましいでしょう．マイコプラズマは細胞培養の大敵です．上記以外にもマイコプラズマ対策キットが各社より販売されています．

2 別種の細胞のコンタミ防止　成功のコツ

培養細胞への他の細胞のコンタミは，マイコプラズマ感染よりも厄介です．植え継ぎ中に細胞の性質が変化することがあります．しかし培養中に他の細胞がコンタミした場合は，培養細胞を用いた実験自体意味をなさなくなります．このような状況は少なからず報告されています[1]．古くは，1960年代後半から，研究者が樹立した培養細胞のいくつかに当時から広く用いられていたHeLa細胞のコンタミがあることがわかり大きな問題となった報告がありました[2]〜[4]．現在では，マイクロサテライトDNAを調べるなどのDNA鑑定手法で細胞を見分けることが可能です[5]〜[7]．

このような培養細胞間のコンタミを防ぐには，まず用いる細胞は，細胞バンクなど管理された施設から入手して使用します．同じ名称の細胞でも入手先により異なっている可能性を考慮する必要があります．実際の培養や植え継ぎの際には，「対処方法のココがポイント」に示された基本を忘れずに行うことが大切です．

◆**参考図書＆参考文献**
- 1）Chatterjee, R.：Cases of mistaken identity. Science, 315：928-931, 2007
- 2）Gartler, S. M.：Apparent HeLa cell contamination of human heteroploid cell lines. Nature, 217：750-751, 1968
- 3）Nelson-Rees, W. A. et al.：Banded marker chromosomes as indicators of intraspecies cellular contamination. Science, 184：1093-1096, 1974
- 4）Nelson-Rees, W. A. et al.：Cross-contamination of cells in culture. Science, 212：446-452, 1981
- 5）MacLeod, R. A. F. et al.：Widespread intraspecies cross-contamination of human tumor cell lines arising at source. Int. J. Cancer, 83：555-563, 1999
- 6）Matsuo, Y. et al.：Efficient DNA fingerprinting method for the identification of cross-culture contamination of cell lines. Hum. Cell, 12：149-154, 1999
- 7）Dirks, W. G. et al.：Short tandem repeat DNA typing provides an international reference standard for authentication of human cell lines. ALTEX, 22：103-109, 2005
- 『細胞培養入門ノート』（井出利憲／著），羊土社，1999

おさらい 培養に用いているフラスコやプレートには，手をかざさないように注意します．また，マイコプラズマ感染の有無を調べる必要があります．同一の実験は2回（duplicate）以上行います．

Case 43

2章-3 病理組織　　　　　　　　　　　病理組織からのDNA抽出

パラフィン切片からのDNA抽出がうまくいかなかった

対処方法

　パラフィン切片からのDNA抽出には，脱パラフィン操作（キシレン→アルコール）を充分に行うことが重要です．パラフィンやキシレンの除去が不充分だと，細胞溶解液の浸透が悪く回収されるDNA量は少なくなります．

　回収されるDNA量はパラフィン切片の厚さにも大きく影響します．切片が薄いか組織が小さいことは，細胞数が少ないことになるので，できるだけ厚い切片か数枚の切片を用いるようにします（Case 49参照）．

【サンプルが小さい場合】10μmぐらいに薄切した切片や，数枚の切片を用います．

【サンプルが大きい場合】3〜10μmの厚さの切片1枚を用います．

!! 対処方法のココがポイント

▶ より質の高いDNAをパラフィン切片から得る方法

　病理組織からDNAを抽出する場合，通常，新鮮凍結標本やクリオスタットで薄切した凍結切片を用いると，純度の高いDNAを得ることができます．一方，パラフィン切片から抽出したDNAは，ホルマリン固定やパラフィン包埋などの過程で**DNAが断片化され**，電気泳動するとスメア状になります（図）．

　より質の高いDNAをパラフィン切片から得るには，**病理組織を10％中性緩衝ホルマリンで固定します．**DNAの切断状態はホルマリンの固定時間に影響を受けますので，可能な限り固定時間は短い方がよいです．

▶ パラフィン切片からのDNA抽出の注意点

　パラフィン切片を用いる場合，脱パラフィンやフェノール抽出を行いますので（⇒ 1，2），組織が小さいことや，切片が薄く細胞数が少ないとこれらの操作中にDNAがなくなることがあります．一方，厚い切片を用いると細胞数も多くなる

2章　材料の調製—微生物，細胞・組織，動物

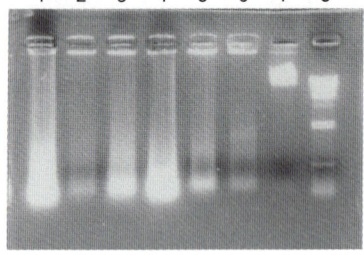

図●パラフィン包埋組織から抽出したDNAのアガロースゲル電気泳動

DNAは断片化されており，スメア状のバンドとなります．ホルマリン固定時間を変えたりすることで，断片化を少なくすることができます．レーン1〜6：パラフィン包埋組織から得たDNA，レーン7：インタクトなDNA，レーン8：サイズマーカー（λ Hind Ⅲ）

ので，DNAの収量は多くなるはずですが，脱パラフィン操作を充分に行わないと予想以上にDNAが得られません．そればかりか，PCR反応やDNA解析にも影響しますので注意が必要です．

1 パラフィン切片使用の有効性　知ってお得

病理標本のパラフィン切片は，診断に用いられるばかりでなく免疫組織染色やDNA解析にも有効です．また病院病理部では検体をパラフィンブロックとして管理・保管しています（Case 48参照）．パラフィン切片の利点としては，一度に多くの症例の遺伝子解析を行いたい場合や古い症例を扱いたい場合など，レトロスペクティブ研究にも有効な点があげられます．

2 DNA抽出法　成功のコツ

パラフィン切片からのDNA抽出には，多くのキットが市販されています．これまでにいくつかのDNA抽出法を検討してみましたが，筆者らの結果では，最も収量と質が高いDNAが得られたのは古典的なフェノール・クロロホルム法でした．この方法の最後のエタノール沈殿のステップで，グリコーゲンなどのキャリアを入れておくとより多くのDNAが回収できます．

◆参考図書＆参考文献

- Goelz, S. E. et al.：Purification of DNA from formaldehyde fixed and paraffin embedded human tissue. Biochem. Biophys Res. Commun., 130：118-126, 1985
  ⇒ホルマリン固定パラフィン包埋切片からDNAをフェノール・クロロホルム法で抽出できることを報告した最初の論文．
- 『臨床DNA診断法』（古庄敏之，井村裕夫／監修・編集），金原出版，1995

おさらい パラフィン切片の厚さと枚数がDNA抽出に重要です．

Case 44　2章-3 病理組織　病理組織のPCR

パラフィン包埋組織から抽出したDNAを使ったら，うまくPCRで増幅できなかった

対処方法

① **有機溶媒の除去**：脱パラフィン操作とフェノール・クロロホルム抽出操作を正確に行い，完全にキシレンやフェノールなどの有機溶媒を除去します．

② **PCR産物の大きさ**：パラフィン包埋組織から抽出したDNAは壊れているため，その壊れ具合にもよりますが，PCRでは100〜200bpぐらいの増幅産物を基準としてプライマー設計を行います．

!! 対処方法のココがポイント

▶ PCR反応を阻害する要因

　一般的にPCRで増幅が悪い場合，キシレン・フェノールなどの有機溶媒がDNA溶液に混入していることやPCRで増幅したサイズが大きいことが考えられます．

　DNA抽出操作が不完全で，DNA溶液中にキシレンやフェノールなどの**有機溶媒やタンパク質溶解酵素が混入**していると，PCR反応が阻害されます．PCRはDNAの質に大きく影響されますので，DNA抽出を正確に行うことが重要です．前項（Case 43）でも説明したように，パラフィン切片から抽出したDNAは断片化されていることが多いため，PCRはかかりにくく，電気泳動すると増幅産物が非常に薄いことがよくみられます．パラフィン切片から抽出したDNAでPCRを行う場合，**小さいサイズの増幅産物になるような条件にする**ことが重要です（図）．病理標本や動物試料は10％中性緩衝ホルマリンで短時間（長くても3日）固定したものは，比較的大きいサイズのPCRがかかります．

▶1 抗原賦活化法の併用　　成功のコツ

　パラフィン切片から抽出したDNAを電気泳動したときに，スメアバンドが得られ，充分量が取れたにもかかわらず，なぜかPCRがほとんどかからないこともあ

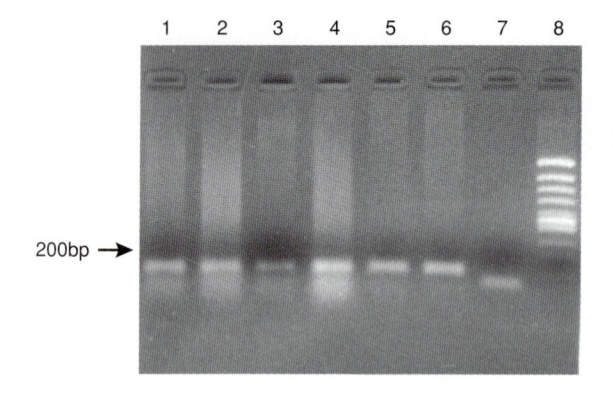

図●PCR産物のアガロースゲル電気泳動

PCR産物の大きさを200bp以下にすると,比較的よくPCR増幅ができます.レーン1〜6:パラフィン包埋組織から得たDNAのPCR産物(150bp),レーン7:水,レーン8:サイズマーカー

ります.最近,免疫組織染色では必須である抗原賦活化法(Case 50参照)をDNA抽出時に行うと,PCR効率が上がったということが報告されました.脱パラフィンの後,はがした組織を抗原賦活化用バッファーで120℃,20分反応させた後にDNA抽出を行うか,すでに抽出したDNAはそのバッファーで希釈して同様の反応を行うなど一度,試してみるとよいでしょう.

◆参考図書&参考文献

- Shi, S. R. et al.:J. Histochem. Cytochem., 50:1005-1011, 2002
  ⇒ホルマリン固定パラフィン包埋切片から抽出したDNAに抗原賦活化用バッファー(pH9がよい)を加え,熱処理するとPCRの効率がよくなったことを報告した論文.
- 「ホルマリン固定パラフィン包埋標本からどこまで遺伝子検索は可能か?」臨床検査,50巻7号,医学書院,2006

おさらい PCRで増幅するサイズは小さい方がよいでしょう.

Case 45

2章-3 病理組織

組織の分離

切片にて組織内のどこが目的の部分なのか判別できなくなった

対処方法

連続切片を作製後，1枚は必ず組織形態が判定できるための染色を行います．通常の病理標本ではヘマトキシリン・エオシン（HE）染色が用いられています．また，どこに病変があるのか，どの部分が重要なのか病理組織を顕微鏡下で判定できるように学んでおく必要があります．

!! 対処方法のココがポイント

▶ 重要な組織部分の分離のしかた

通常は，パラフィンブロックを薄切するときに，一度に複数の連続切片を作製します（⇒ 1）．その後，HE染色の判定結果をもとに，未染色の連続切片からDNAを抽出します（図）．パラフィン切片を使用する際，必要部分の分離は脱パラフィンの前でも後でも問題ありません．

【脱パラフィン前に組織を分離する場合】

メスやカバーガラスなどで必要部分をかき出し，1.5mLチューブに移した後，キシレンを加えます．

【脱パラフィン後に組織を分離する場合】

キシレン・アルコール処理後，生理食塩水に充分浸して組織を柔らかくします（乾燥させた方がよいと書かれたテキストもあります）．その後，爪楊枝やチップの先でかき出し，DNA抽出を行います．

現在は，Laser Capture Microdissection（LCM）法が進歩し，重要な部分を切片内から自動で切り出すことが可能です（⇒ 2）．しかし，この機器は高価なため，どのラボにも常備できるわけではありません．

例えば，がん組織を顕微鏡下で観察すると，間質細胞や血液細胞などの正常細胞も多く混入しています．高価なLCM機器を購入してもどこをとってよいのかわからなければ，意味はありません．パラフィン切片や凍結切片を用いる場合，分子生物学的手法が大事ですが，形態病理学を学び，少なくともHE染色下で組織像がわかるようにしておかなければなりません．

A)

B)

通常の病理ルーチンのように
脱パラフィン操作を行う

キシレン
エタノール

必要な部分をメスやカバーガラスで
かき出す

1.5mLチューブ

必要な部分をメスで
パラフィンごとかき出す

1.5mLチューブ

脱パラフィン

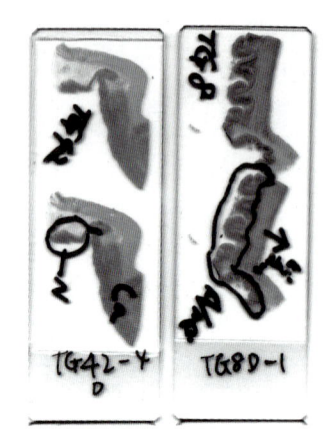

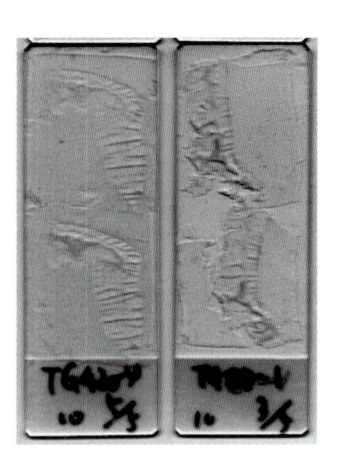

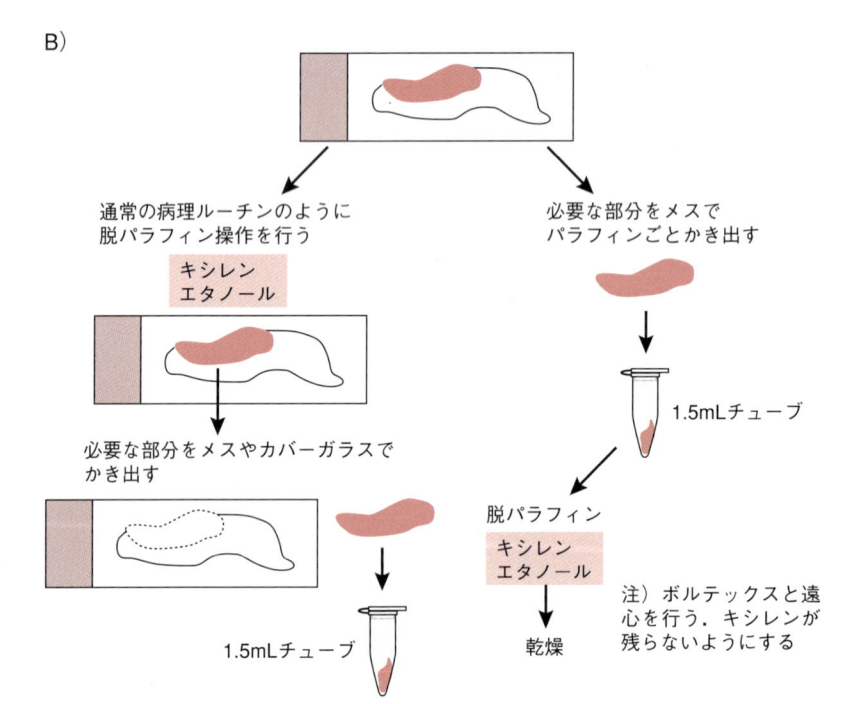

キシレン
エタノール

乾燥

注）ボルテックスと遠
心を行う．キシレンが
残らないようにする

図●切片内の重要組織部分のトリミング
A）HE切片（左）と未染色切片（右）．HE染色切片を顕微鏡下で観察し，必要な部分をマーキングします．マーキング部分を参考とし，未染色切片から必要な場所を取り出します．B）必要部分の取り出しと脱パラフィン

■1 連続切片作製 　操作の基本

　ミクロトームで薄切する際，必ず複数の切片を作製し，そのうちの1枚は組織像がわかるように染色（ヘマトキシリン・エオシン染色など）をしておきます．染色後，切片の必要な部分にマーキングしておくと，未染色の連続切片でも簡単にその部分がわかります．また，連続切片は，さまざまな染色に用いることができ，染色部分の比較が可能です．連続切片は薄切順に番号を記入しておくとよいでしょう（Case 48参照）．

■2 Laser Capture Microdissection（LCM）法　知ってお得

　LCM法は，組織内に混在するさまざまな細胞群から目的の細胞だけを採取する方法です．現在，全自動LCM機器の開発が進み，すべてのステージ操作をコンピュータ上で行うことができます．特に微量な細胞の抽出に効果がありますが，高価な機器です．

◆参考図書&参考文献
- 『改訂第4版　新遺伝子工学ハンドブック』（村松正實，山本　雅／編），羊土社，2003
- 『外科病理学』（石川英世，遠城寺宗知／編），東京文光堂本郷，1999
- 『消化管病理標本の読み方』（中村眞一／編），日本メディカルセンター，1999

おさらい　組織内のどの部分が必要かを顕微鏡下でも理解できるようにしましょう．

Column ⑤

組織像をよく見よう

　近年の分子生物学的手法の進歩により，さまざまな病態の遺伝子レベルでの解明が進んでいます．疾患をDNA，RNAそしてタンパク質の変化を通して明らかにすることは必要不可欠なことです．しかし，これらの研究の多くは1.5 mLのチューブをはじめとした試験管内での解析が多いと感じられます．抽出されたDNA，RNA，タンパク質は水やTE（Tris-EDTA）バッファーに溶かされ，さまざまな解析に使われています．言い換えれば，この溶液を使えばどんな疾患かを知らなくとも遺伝子研究が可能なわけです．遺伝子増幅も発現解析も何でも，少しでも遺伝子解析法を学んだ者であれば簡単に行うことができます．

　では，何も知らずにDNA溶液を扱い，「p53遺伝子が異常です」でよいのでしょうか？悪性腫瘍（がん）を例とした場合，人には人それぞれの個性や体質の違いがあるように，顕微鏡下で観察するとがんもさまざまな形があります．がん細胞がバラバラになってリンパ管や血管内に浸潤している症例も観察することができます．また大腸ではしばしばポリープが見つかりますが，これらは良性であったり，悪性であったり，さらにはポリープ内がんが存在する場合もあります（図）．病理学的に良性大腸腺腫は異型度を基準として軽度，中等度，高等度異型腺腫や絨毛腺腫に，悪性がんでは高分化型，中分化型，低分化型管状腺がんなど，単なる大腸ポリープでもさまざまです．もし，このような病変をもとに遺伝子解析を行うならば，どの部分が重要なのか，どんな組織型を示した病変から得たDNA（RNAまたはタンパク質）かを知る必要があります．試験管内の研究も重要なことであり，筆者も毎日それを行っていますが，可能な限り顕微鏡下で観察されるさまざまな組織変化も見ていくようにしたいと心がけています．病変を直接見ることが難しいときは，教科書や参考書などを利用すれば組織像を学ぶことも可能です．

　「顕微鏡をずーっと見ていると酔うので苦手です」という学生・研究者もいますが，ぜひ，ゆっくり組織を観察してみてください．そこには，遺伝子とは違った世界があると思います．しいては，形態と遺伝子解析の両方を学ぶことで，分子病理学（分子形態学）的な研究に発展させていくことができると思います．

（秋山好光）

良性腺腫

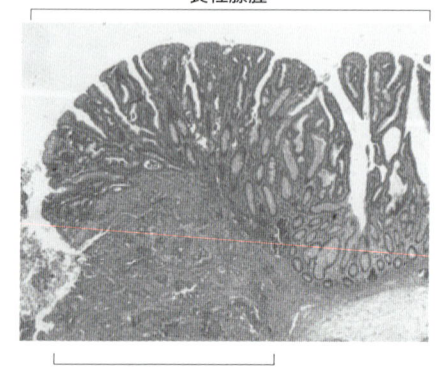

悪性がん

図●大腸ポリープ内がんのヘマトキシリン・エオシン染色
大腸ポリープ内にできたがん．見たところ隆起したポリープですが，顕微鏡で観察すると2つ組織像がみられます

Case 46

2章-3 病理組織　　　　　　　病理組織からのRNA抽出

パラフィン切片からのRNA抽出がうまくいかず，PCRがかからなかった

対処方法

組織はタンパク質分解酵素を用いて完全に消化させます．また抽出したRNAは断片化されているので，PCRプライマーは短い産物を増幅できるように設計します．

!! 対処方法のココがポイント

▶ RNAの収量を左右する要因

　RNAは基本的に分解が早いため，新鮮標本であっても扱い方に注意が必要です．パラフィン切片から抽出したRNAは，ホルマリン固定やパラフィン包埋での時間も加わり，さらにバラバラになっています．理論的には，このようなRNAであってもサイズを小さくしたPCR増幅や in situ hybridization法が可能です．RNA抽出法の改良や市販のキットの改善により，パラフィン切片からのRNA解析が可能となってきました（⇒ 1）．しかし，パラフィン切片からのRNA解析はさまざまな問題が残っており，固定・保存条件が異なる症例を用いて正確な結果を出すことは難しいといわれています．

【材料の調製】

　材料はできるだけ**高品質のホルマリンで短時間固定すること**，さらにパラフィン切片は長期保存したものよりも**新規に薄切したものが望ましい**とされています．これは，RNAのみならずDNAやタンパク質解析にも反映されますので，試料作製は正確に行います．

【細胞溶解液を用いたRNA抽出】

　RNA抽出には，プロテイナーゼKなどの**タンパク質分解酵素を含んだ細胞溶解液で完全に組織を壊す**必要があります．この操作が不完全だと抽出されるRNA量が異なります．筆者らは1 mg/mLと5 mg/mLのプロテイナーゼK入り細胞溶解液で55℃一晩反応させた後，Trizolを用いてRNAを抽出しましたが，5 mg/mL使用での収量が高いことが確認できました（図A）．

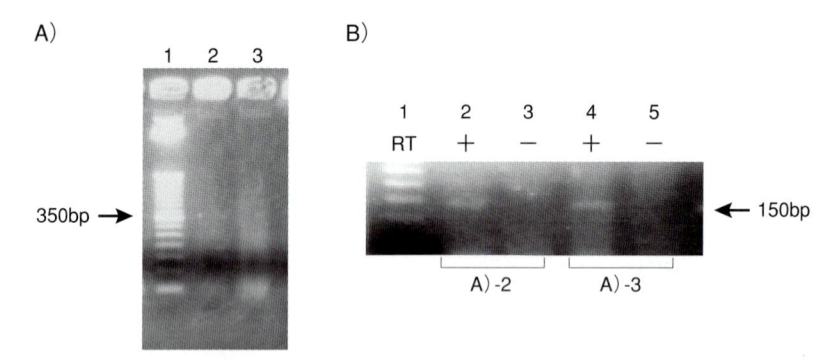

図●パラフィン包埋組織から抽出したRNA（A）とそのPCR産物（B）のアガロースゲル電気泳動

A）RNAはスメア状になっています．連続切片を用いて1 mg/mL（レーン2）と5 mg/mL（レーン3）のプロテイナーゼKで消化した場合，高濃度の方が収量が多くなりました．レーン1：50bpラダーマーカー．B）抽出したRNAを用いてRT-PCRを38サイクルで行った結果．逆転写酵素を入れた場合（レーン2と4）にのみ150bpの特異的なバンドが認められました．レーン1：50bpラダーマーカー，レーン3と5：逆転写酵素を入れなかったもの

【切片の厚さ】

　10μm厚の切片1枚からでもRNAは抽出できます．しかし，RNA濃度を測定するとサンプルによっては高い濃度と260/280比[*1]を示し，組織の大きさや厚さから推測した値と異なる場合が多くあります．これは**タンパク質や不純物が混入している可能性**があります．したがって，逆転写酵素を用いてcDNA合成を行う場合，単純に計算上1μg量に統一しても，正確性に欠ける場合があります．仮に1μgのRNAでうまくいかない場合，最大量を用いてcDNA合成し，PCRでGAPDHやβアクチンなどのインターナルコントロールを増幅することでRNAの発現量や質を調べることができます．

【PCR産物の大きさ】

　RNAは分解されていますので，長いPCR産物の増幅は避けてください．アガロースゲルでRNAを泳動すると200bp以下ぐらいのところにスメアがみられますので，PCRは**200bp以下（できれば100bpぐらい）**が理想的です（⇒**2**，図）．これはパラフィン切片からDNAを抽出する場合（Case 44参照）と同じです．また，通常のPCRでバンドの濃さを測定するよりも，**定量的PCR**を行った方が正確な発現量がわかります．

[*1] 260nmと280nmにおける吸光度比を表し，この数値はDNAとRNAの純度の指標となります．260/280比が1.8だと高純度のDNAとなります．この値が低い場合，タンパク質，フェノールや他の不純物が混入している可能性があります．

1 RNA 抽出法   知ってお得

　新鮮標本からは Trizol などのフェノール性抽出試薬を用いても充分量の RNA が抽出できます．パラフィン切片からの RNA 抽出も同様の試薬で可能ですが，パラフィン切片専用の RNA 抽出キットも複数市販されています（例：RecoverAllTM Total Nucleic Acid Isolation Kit for FFPE，Ambion 社）．

2 PCR 増幅   成功のコツ

　PCR プライマーは，増幅産物が 2 つ以上のエキソンを含むように設計することが望ましいです．RNA 抽出操作では，DNase 処理を行い，混入している DNA を除きますが，完全ではありません．したがって RNA 溶液中には DNA が混入していることが多く，単一エキソンのみを増幅した場合，RNA と DNA のどちらが増幅されたのかわからなくなってしまいます．また cDNA 合成時，逆転写酵素を入れたもの（RT ＋）と入れないもの（RT －）の 2 種類を作製するとよいかもしれません．

◆**参考図書＆参考文献**
- 「ホルマリン固定パラフィン包埋標本からどこまで遺伝子検索は可能か？」臨床検査，50 巻 7 号，医学書院，2006

おさらい　RNA 抽出の際には，タンパク質が混入しないように注意しましょう．また PCR 産物は小さくなるように増幅しましょう．

Case 47

2章-3 病理組織　　　　凍結組織からのRNA抽出

凍結標本からRNAを抽出したが，壊れてしまった

対処方法

組織は摘出後，5 mm大ぐらいに小さく切り，すぐに液体窒素で凍結することでRNAの分解を抑えます．RNaseの混入を避けるため，RNA専用の実験スペースと器具を用います．

!! 対処方法のココがポイント

▶ 組織の凍結

RNAは短時間で壊れてしまいます．マウスやラットなどの実験動物は，解剖後すぐに液体窒素で凍結することが可能です．一方，ヒト組織の場合，外科医の協力のもと，手術後に入手できるので凍結するまでに時間がかかります．手術室近辺を液体窒素片手にウロウロすることは厳禁です．「できるだけ早く」が鉄則ですが，それができない場合，生理食塩水や培養液に入れて，実験室に持ち帰り，直ちに凍結します．

▶ 組織の大きさ

組織が大きい場合，中心部まで凍結が不充分となり，RNAは壊れてしまいます．特にヒト組織は大きいため，中心部まで液体窒素が浸透するまで時間がかかってしまいます．摘出した組織は，5mm大ぐらいの大きさに切り，液体窒素で凍らせると，長期保存しても質のよいRNAが抽出できます．最近では，RNA安定化剤（RNAlater，Ambion社）が市販されており，さらに高品質のRNAを得ることができます．

▶ RNA専用実験機器

RNA解析にRNaseの混入は厳禁です．RNA専用実験台や器具を準備し，RNaseの混入は必ず避けましょう（⇒ 1）．

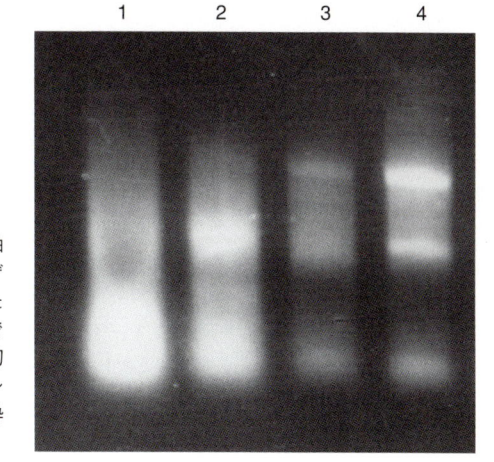

図● RNA のアガロースゲル電気泳動

−80℃で長期保存した組織からRNAを抽出し電気泳動した結果．自動ホモジナイザーで組織を粉砕した方が，ハサミで切ったものよりも高品質なRNAを得ることができます．レーン1と2：組織をハサミで切り刻んだ後，RNA抽出したもの．レーン3と4：組織を自動ホモジナイザーで粉砕したもの

■1 RNA抽出での注意点 成功のコツ

RNA抽出で最も重要な点は，組織の保存状態ですが，**組織の破砕法**も大事な点です．

【組織破砕法】

以前は，ハサミを使って細かく切り刻んだり，手動ホモジナイザーで組織を壊していましたが，電動ホモジナイザーの方が圧倒的にRNA収量に有効です（図）．

【RNA安定化剤】

RNAの分解を阻害する試薬が市販されています．組織は5 mm大に切り，RNA安定化剤中で長期保存が可能です．

【RNaseは禁物】

RNaseは唾液や汗にも含まれていますので，話しながらの実験はやめましょう．

◆参考図書＆参考文献

- 『改訂第4版　新遺伝子工学ハンドブック』（村松正實，山本　雅／編），羊土社，2003

おさらい　組織は細かく切り，素早く凍結します．

Case 48

2章-3 病理組織

切片の管理

パラフィン切片の保存が上手くできていなかった

対処方法

薄切後のパラフィン切片は，標本箱やスライドグラスの空き箱内に整理して，室温で保存できます．そのとき，スライドグラスに，実験番号または作製日，パラフィンブロック番号，厚さを記入しておきましょう．切片の薄切面を空気にさらさない，高温・多湿を避けることも重要です．

!! 対処方法の**ココ**がポイント

薄切後のパラフィン切片は長期保存が可能です．この場合，**薄切面を空気にさらさない**ことが必須です．

▶ パラフィン切片の保存（図）

【空き箱】 簡単な切片の保存法は，スライドグラスの空き箱に入れておく方法です．場所もとらずによいでしょう．

【マッペ】 マッペに連続切片を重ねて保存する場合，一番上の切片はひっくり返すか，その上に未使用のスライドグラスをのせておくなどして，組織面を空気に触れないようにしておきます．

【パラフィン封入】 切片をパラフィン溶液に浸け，スライドグラス全体を薄くパラフィンで覆います．どの部分を実験に使ったのかを正確にするためには，必ずパラフィンブロックの番号を切片に記入しておきましょう（⇒ 1）．

▶ パラフィンブロックの保存（図）

ブロックの保存は，薄切後の組織片がむき出しにならないように，必ず薄切面をパラフィンで被覆しておかなければなりません．何もしないで保管したブロックは，組織片が傷つく，収縮するなど生じ，次の薄切に悪影響を及ぼします．そればかりか，DNAの質が悪くなる，免疫組織染色でも染まらなくなるなど遺伝子解析にも不都合が起こります．

A)
組織面がむき出しにならないように
パラフィンをかぶせておく

ブロック部分
カセット
組織部分

B)
切片が入っていた箱

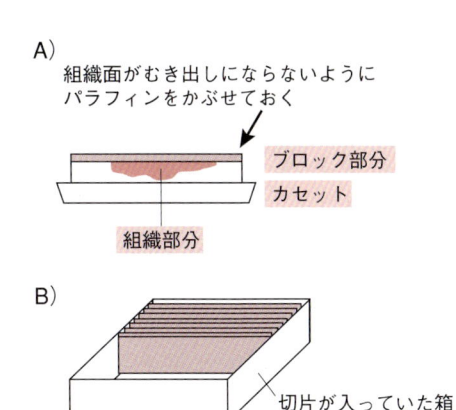

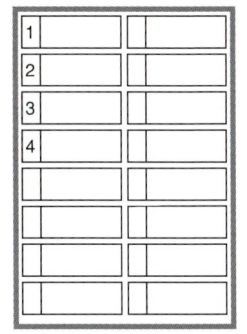

C)
マッペに数枚重ねておく．一番上は空気に触れないようにする

図● パラフィンブロックと切片の保存
A) 薄切後のブロックは，必ず組織面がむき出しにならないように，パラフィンで被覆しておきます．B) 切片は，購入時の切片が入っていた箱を利用するとよいです．C) マッペに重ねて置く場合，一番上の切片はひっくり返しておきます

　パラフィンはロウソクの一種ですので，ブロックと切片は**高温・多湿の場所は避けてください**．

1 連続切片作製の注意点　知ってお得

　ホルマリンなどで固定した臓器は小さく切り出され，パラフィンで包埋された後，ブロックとして保存されています．病理標本は，1つの臓器を何十もの（大きくても2 cmぐらい）大きさに切り出し，番号付きでブロック化されます．

　パラフィンブロックから一度に何十枚も，さらには何度でも薄切することができます．しかし病変部が小さい場合，連続切片として何枚も切っていくとその部分がなくなってしまうことがよくあります．すなわち，最初に切った切片と最後のものでは組織像が異なる場合がよくあるということです．したがって，連続切片作製のときに，薄切順に番号を記入しておくとよいでしょう．

　パラフィンブロック・切片の作製および管理など基本的な内容は，臨床検査の「病理」関連の書籍で詳しく掲載されています．

◆ **参考図書&参考文献**
- 『臨床検査学講座　病理/病理検査学』（松原　修，丸山　隆，中田穂出美 他／著），医歯薬出版，2000

おさらい パラフィンブロック・切片は薄切面を空気にさらさないようにして保管しましょう．

Case 49

2章-3 病理組織　　　　　　　　　切片の厚さ

厚い切片を切ったら，パラフィンブロックが壊れてしまった

対処方法

実験目的によって切片の厚さを変えることが必要ですが，ミクロトームを使った場合，20μm以上の切片を切るとパラフィンブロックが壊れることがあります．染色用には3～5μm，遺伝子解析用には厚くても10μmぐらいの厚さの切片を切るとよいです．

!! 対処方法のココがポイント

▶ 適切な切片の厚さの選び方

通常のDNA抽出では，**細胞数が多いほどDNAの収量も多くなります**．そこで，できるだけ厚い切片を切った方がよいとなります．ミクロトームによる薄切では，20μmでも切ることは可能ですが，あまりにも厚いと，ミクロトーム刃がパラフィンブロックに食い込んでしまい，ブロックが壊れてしまうことがあります．

【遺伝子解析用】

筆者らは，DNA解析用に10μm厚の切片を用いています．もし1cm大の大きさの組織であれば，10μm厚1枚でPCR増幅に充分なDNAを得ることが可能です（図）．遺伝子解析用として10μmの厚さは，研究者（技師）によっては厚すぎるという人もいますが，このくらいの厚さの切片を切っても，組織やブロックへの影響はありませんでした．Laser Capture Microdissectionを使う場合は，5～6μmがよいとされています．

【顕微鏡観察用】

パラフィン切片は染色した後，顕微鏡観察に用いられています．染色用には10μmは厚すぎて，顕微鏡観察には不適切です．染色用には3～5μm厚の切片が使われます．これも賛否両論ですが，ヘマトキシリン・エオシン染色用は薄く（例えば3μm），免疫染色用はそれよりも少し厚く（5μm）している研究者も多いです．

図中のラベル:

A)
1 cm
1 cm大であれば、10 μm 1 枚でも可

小さい病変は10 μmが数枚あるとよい

B)
頭だし → 1.5mLチューブ
薄切

組織部分
パラフィンで被覆されている

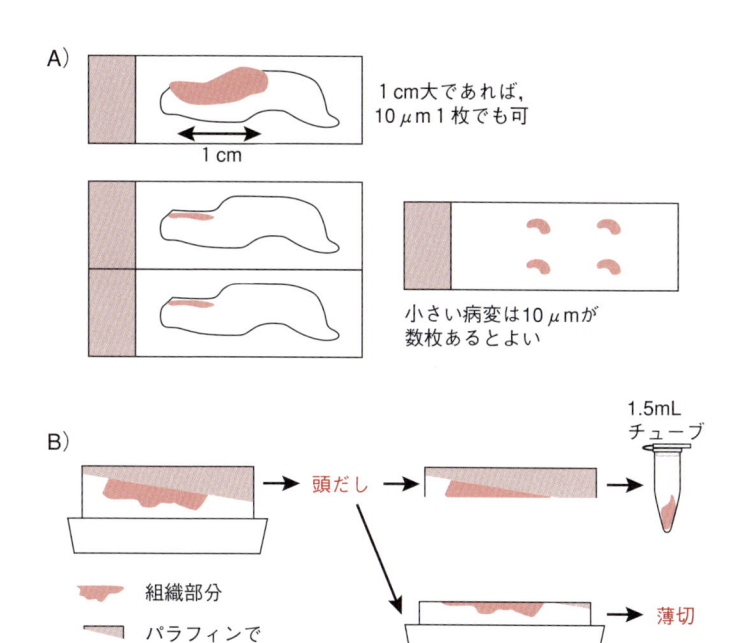

図●遺伝子解析用切片の厚さ

A) 組織の厚さ．ヒト組織（例えば消化管）ではパラフィン包埋用に＞1 cm大に切り出されることがあります．これらは10 μm厚の切片1枚でも充分量のDNAを得ることが可能です．一方，微小病変やマウスなどの小動物では，このような大きい組織を得ることができません．10 μm厚の切片1枚でもDNA抽出は可能ですが，できるだけ数枚の切片を用いましょう．B) 頭だし（⇒1）中に処分される組織片も利用できます．頭だし中に処分される組織片はチューブに回収しておくとよいです

---

1 頭（または面）だし　基本用語

病理関係者の用語で，薄切時に使う「頭（あたま）だし，または面（めん）だし」という操作があります．これは，パラフィンブロックの組織面が完全に出るまで切り続けることです．Case 48で説明したようにパラフィンブロックは，薄切後に組織面がパラフィンで被覆されています．組織面が完全に出るまで頭だしを行っていると，その間に組織面が一部切り取られ，それらは通常処分されます．もし，病理学的にその組織片がブロック内で同一（例えば，すべて正常粘膜であった）であるならば，頭だし中に出たものを捨てずに回収しておくとよいです．

おさらい 必要に応じて切片の厚さを変えましょう．

2章 材料の調製—微生物，細胞・組織，動物

Case 50

2章-3 病理組織　　　　　　　　　　　　　　　　　免疫染色

免疫組織染色で
切片が染まらなかった

対処方法

できるだけ新しく薄切した切片を用います．一次抗体や二次抗体はきちんと管理し，劣化を防ぐよう心がけます．いくつかの抗原賦活化法を試してみることも有効です．

!! 対処方法のココがポイント

▶ 組織・抗原性の劣化

　一度の薄切で複数の切片を切り，保存しておくことは可能ですが，特に免疫組織染色の場合，**長期保存したものでは染まりが悪い**ことがあります．数年前に切っておいたものと，新しく切ったものとでは染まり方も異なります．これは，保存中に抗原性が劣化したためと考えられます．免疫染色にはできるだけ新しい切片を用いることが重要です．

▶ 抗体の劣化

　市販されている抗体はそれぞれ，推奨された保存条件があります．4℃保存と記載されていた場合，その抗体は4℃で何年間も問題なく使用できるというわけではありません．抗体も劣化しますので，その結果抗体価が落ちます．抗体を長期保存するには，分注後−80℃に保存し，**凍結融解は繰り返さない**ようにします．

▶ 抗原賦活化の重要性

　脱パラフィンの後，熱処理やタンパク質分解酵素処理による**抗原賦活化（図）**を行うと，染まり方がよくなったり，これまでに染まらなかったものが染色されることがあります（⇒ 1）．この方法を使う場合，必ず接着剤コートしたスライドグラスに貼付した切片を用いなければなりません．

---

1 抗原賦活化　成功のコツ

組織や細胞の形態維持にはホルマリン固定が優れていますが，固定によってタ

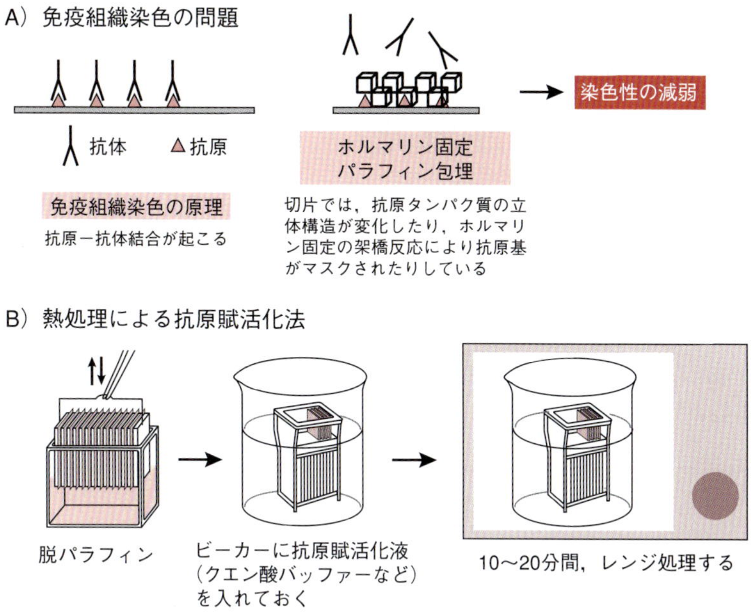

A）免疫組織染色の問題

免疫組織染色の原理
抗原－抗体結合が起こる

人 抗体　△ 抗原

ホルマリン固定パラフィン包埋
切片では，抗原タンパク質の立体構造が変化したり，ホルマリン固定の架橋反応により抗原基がマスクされたりしている

→ 染色性の減弱

B）熱処理による抗原賦活化法

脱パラフィン → ビーカーに抗原賦活化液（クエン酸バッファーなど）を入れておく → 10〜20分間，レンジ処理する

図●熱処理による抗原賦活化法
脱パラフィン後，切片を抗原賦活化溶液に入れ，電子レンジにて処理します．その後，通常の免疫組織染色を行います

ンパク質間の架橋が生じることがあります．その結果，抗原タンパク質の立体構造の変化による抗原性の失活や抗体の浸透性の低下が起こり，免疫組織染色がうまくいかないことがあります．

　タンパク質分解酵素処理法として，プロテイナーゼKやペプシン溶液を滴下する方法，熱処理法として，抗原賦活化溶液に切片を浸し，マイクロウェーブやオートクレーブにて処理する方法があります．抗原賦活化溶液は，クエン酸バッファーやTris-EDTAバッファーがよく使用されています．抗原賦活化および免疫染色法は，染色関連の試薬を扱っている企業の製品カタログ（SIGMA社やサンタクルス社など）からも参照できます．また，ダコ社の免疫染色・細胞染色ガイドは抗原賦活化溶液の作製法についても詳しく有用です．

◆参考図書&参考文献
- 『免疫染色& *in situ* ハイブリダイゼーション最新プロトコール』（野地澄晴／編），羊土社，2006

おさらい　組織や抗体の劣化に注意し，抗原賦活化法を試してみましょう．

Case 51

2章-3 病理組織

操作中の組織の消失

脱パラフィン，または染色中に組織がはがれた

対処方法

薄切後の切片をスライドグラスに貼付し，伸展器上で充分に伸展させます．免疫組織染色では，抗原賦活化法として高温処理するため，ポリ-L-リジンなどの接着剤をコートした剥離防止スライドグラスを用いましょう．

!! 対処方法のココがポイント

▶ スライドグラスから組織をはがれにくくする方法

　脱パラフィン中や各種染色操作中に，組織片がスライドグラスからはがれてしまうことがあります．これは薄切した切片がスライドグラスにしっかり貼り付いていないときによく起こります（⇒ 1）．また，切片とスライドグラスに水泡や気泡が入ってしまうと，その部分の接着が悪くなります（図）．切片をスライドグラスに貼り付けるためには，伸展器上で充分に伸展させることが必要です．

　免疫組織染色における抗原賦活化法は重要な操作の1つです．この場合，クエン酸バッファーなどを用いて，電子レンジ処理したり，オートクレーブをかけたりします．切片とスライドグラスとの接着が不充分ですと，この段階で切片がはがれますので，**ポリ-L-リジンなどの接着剤**が塗布されたスライドグラスを使うとよいです（⇒ 2）．

---

1 切片の乾燥　　成功のコツ

【伸展器がある場合】
　切り出した直後の切片は丸まったり，収縮したりしていますが，伸展器上に置くと膨張し，もとに戻ります．その後，伸展器上で充分に乾燥させますが，このときの温度は，50〜60℃くらいにしておきます．

【伸展器がない場合】
　「湯戻し法」と呼ばれる50〜60℃のお湯をビーカーに入れて，その中に切片を浸けて伸展させる方法を用いるとよいです．

A)

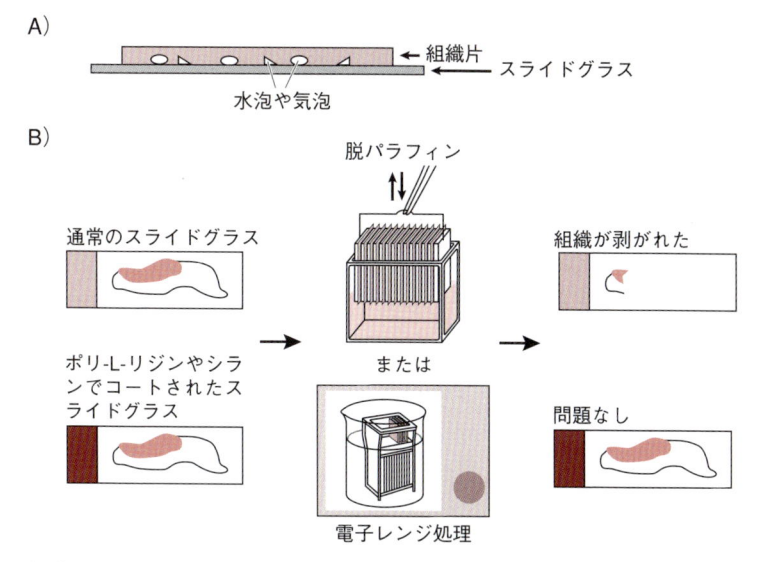

B)

図 ● 組織とスライドグラスの接着
薄切した切片とスライドグラスの間に水泡や気泡が入ってしまう（A）と，組織が脱パラフィン中や熱処理中にはがれてしまいます（B）．スライドグラスに切片を貼り付けた後は，充分乾燥させなければいけません．また接着剤をコートしたスライドグラスを使用すると切片がはがれなくなります（B）．

よく伸展させた後，金属製スライドグラス立てに移動し，50〜60℃の乾燥器（ふ卵器）で30分おき，切片がスライドグラスに貼り付いていることを確認してください．その後，37℃の乾燥器（ふ卵器）に一晩入れて乾かします．簡単な操作ですが，このステップが組織片をはがさないために重要です．

2 接着剤付きスライドグラス　知ってお得

以前はスライドグラスに卵白グリセリンやポリ-L-リジンを各自，コートしていました．卵白グリセリン，ゼラチン，リジン，シランなどが有名です．現在は，ポリ-L-リジンやアミノシランコート済みのスライドグラスが市販されています．これらを用いると貴重な切片をはがさずに染色に用いることができます．

◆参考図書&参考文献
- 『臨床検査学講座　病理学/病理検査学』（松原　修，丸山　隆，中田穂出美 他／著），医歯薬出版，2000

おさらい　切片とスライドグラスとの接着を充分に行いましょう．

Case 52

2章-4 動物　　　　　　　　　　　　　　　　　　　飼育管理①

実験動物がいなくなった/死んでしまった

対処方法

逃げてしまった場合は探すしかありません．死んでしまった場合はあきらめるしかありません．大事な実験動物ですので，いずれにしても，日頃から飼育ケージや給水などしっかりと動物の管理をしておくことが大切です．

!! 対処方法のココがポイント

▶ 適切な水の与え方と飼育環境

　多くの遺伝子実験がされている昨今において，実験動物の存在は欠かせません．実験動物は，遺伝的にコントロールされていますので，きちんと飼育管理をすることが実験の鍵を握っています．マウスやラットなどげっ歯類は取り扱いが容易なため，多くの研究室で飼育されている代表的な実験動物です．ここでは主に，マウスやラットを例に取り上げます．

　飼育ケージ（⇒🔧1）を交換するときに動物を移動させようとしたら逃げてしまった，というのはよくある例です．遺伝子改変マウスは，飼育室外に逃げ出してしまえば，生物多様性への影響もあり大変なことです．逃げ出したマウスが他の系統のケージに侵入して交雑してしまえば，そこで飼育しているマウスが全部使えなくなることさえあります．また，動物を移動させるときケージのラベルを貼り違えたり，別の系統のケージにマウスを戻してしまったりといううっかりしたミスもありがちです．慎重に行いましょう．

　マウスやラットは水をよく飲みます．個体や飼育環境（⇒🔧2）により異なりますが，**1日あたりの飲水量はマウスなら4〜7mL，ラットなら20〜45mLです．充分な容量の給水ボトルを用意しましょう．**週末など，動物の様子を見に来られないときは特に多めに用意をしておきましょう．また，水漏れしていたり，夜に動物があばれて給水ボトルが落ちていたりと，水に関するトラブルは多いです．水やえさが切れると共食いをしたり，弱ったりします．週明けにケージをのぞいたら，共

食いして動物の皮だけが残っていた，ということのないようにしましょう．給水ボトルだけで心配なときは，水寒天で代替も可能です．いずれにしても，**常に新鮮な水を与えるよう注意しましょう**．一般の動物は水道水を与えますが，SPF動物（Case 53参照）は滅菌水を与えます．

　動物が増えてしまったということも，よくある事例です．通常，動物は交配が目的でなければ，オスとメスを分けて飼育します．しかし，何らかの原因でマウスのオスとメスが混ざったら，まさに"ネズミ算"で増えます．マウスの性周期は平均4日，繁殖季節はありません．性成熟はメスで35〜50日齢，オスは40〜60日齢です．

1 飼育ケージ　操作の基本

　動物類は通常，飼育用のケージに収容されて飼育されています．ケージにはプラスチック（プロピレン）製のもの，ステンレスやアルミニウムなど金属製のものがあります．プラスチック製は，透明で中の動物が見えるため管理しやすく，金属製は丈夫で耐久性がいいという特徴があります．大規模な実験施設では，飼育ケージに自動給餌機や給水機が設置され，排泄物も処理しやすいようになっているところもあります．

　マウス，ラットは1つのケージに数匹を同居させることが一般的です．収容する動物の数も多すぎてはいけません．飼育スペースの目安（表）を参考にして，収容する動物の数を決めましょう．

　ただし，同居はメスのみ，オスでは1匹ずつ飼育しましょう．オスは個体間の優劣がはっきりしており，長期間飼育しているとデスポット（首長）となった個体が，同居のすべてのオスを攻撃します．これをデスポット型の社会順位といい，特にオスのマウスに顕著です．メスでは，通常，無順位型を示しますので，同居は可能です．

　ケージ交換は通常，週1回行いますが，期間内でも状況に応じて行いましょう．

表●実験動物の飼育スペースの目安

動物	体重（g）	底面積/動物（cm^2）	高さ（cm）
マウス	<10	39	12.7
	10〜15	52	12.7
	16〜25	77	12.7
	25<	97	12.7
ラット	<100	110	17.8
	100〜200	148	17.8
	201〜300	187	17.8
	300<	258	17.8

何よりも清潔を心がけ，温度，湿度，換気，照明や騒音などの環境条件の整った部屋に飼育ケージをおきます．

❷ 飼育の環境条件　知ってお得

　飼育の環境条件（温度，湿度など）の基準値が，実験動物施設基準研究会編の『ガイドライン－実験動物施設の建築および設備』のなかに示されています．マウスやラットでは温度22～24℃，湿度50～60％，換気12～15回/時間を保ちましょう．

◆**参考図書＆参考文献**
- 『マウス・ラットなるほどQ&A』（中釜　斉，北田一博，城石俊彦／編），羊土社，2007
- 『初心者のための動物実験手技 (1)』（鈴木　潔／編），講談社，1981
- 『実験動物入門』（中野健司／著），川島書店，1988
- 『ガイドライン－実験動物施設の建築および設備（昭和58年版）』（実験動物施設基準研究会／編），清至書院，1983
- 『実験動物飼育管理ガイドライン』（日本実験動物協会），http://jsla.lin.go.jp/guideline.html

おさらい　日頃からしっかりした動物管理を心がけましょう．マウスやラットには常に新鮮な水を与えます．

Case 53

2章-4 動物

飼育管理②

実験動物のえさの与え方がわからなかった

対処方法

動物の種類や実験方法により，えさの種類や与え方が異なります．適した方法を選択し，飼育管理を行いましょう．

!! 対処方法のココがポイント

▶ 適切なえさの与え方

栄養（飼料と飲水）は動物実験を行ううえで実験成績に影響を与える因子として，大きな位置を占めます．

一般にマウスやラットでは，飼料を常時食べられる状態にしておきます．このような給餌法を**自由摂取**といいます．一方，モルモット，ウサギ，イヌ，ネコなどでは，1日1回，飼料を給与します．このような給餌法を**制限給餌法**といいます．給餌器は清潔に保ちながら食べやすいことが大切で，動物の種類によりさまざまな形のものがあります．

実験動物の育成や実験結果成績が安定なためには，飼料の組成が一定であることが大事です．一般的に，ラボでは各メーカーから出されている飼料を用いています．飼料には一般用の飼料から，滅菌飼料，特殊飼料までありますが，これらも用途に応じて使い分けます．無菌動物，ノトバイオート，SPF動物（⇒ 1）は滅菌飼料を用います．いずれの飼料であっても，**多すぎる給餌は変質のもとです．**

飼料の保管は冷暗所で行います．保管の方法が悪いと飼料にカビが生えることがありますので，防虫，防水に注意します．

▶ えさやチップの管理・注文

マウスやラットなど小型のげっ歯類は多くの場合，ケージに床敷を入れて飼育します．床敷にはチップ（かんなくず），木毛，紙などを用いますが，多くの場合は市販の動物実験用チップを使用します．床敷の交換を怠ると，アンモニアの発生源となります．**常に清潔な環境条件を保つよう週に一〜二度の交換に努めましょう．**ケ

ージの交換時に行うとよいでしょう．

　えさやチップの在庫がないことを夜になって気がついたため，急場しのぎで，「まだ開いているペットショップを見つけ，ハムスター用のえさで間に合わせた」，また，「シュレッダーの細かく裁断した紙をチップの代用とした」という経験があります．おすすめはできませんが，死なせるよりはましでしょう．特殊な条件の実験では，当然こんな代用は効きません．えさやチップもきちんと管理しておくことが重要です．

1 動物の種類　知ってお得

　微生物も実験動物に重要な影響を及ぼします．そこで，実験を適切に実施するためには，環境条件がコントロールされた場所で行う必要があります．実験動物は微生物コントロールにより以下のように分類されています．

【コンベンショナル（Conventional）動物】
　バリアーをもたない施設で繁殖生産された動物．もっている微生物，寄生虫のすべてが明確に知られていない動物．実験動物のなかでは最も一般的．

【SPF（Specific Pathogen-Free）動物】
　特定の微生物，寄生虫をもたず，感染歴のない動物．バリアー区域で飼育する．

【ノトバイオート（Gnotobiotes）】
　感染している微生物がすべて知られる動物．アイソレーターで飼育する．

【無菌（Germ-Free）動物】
　検出しうるすべての微生物や寄生虫をもたない動物．妊娠末期に帝王切開し子宮を摘出し，無菌的に新生仔を取り出し，無菌的に飼育された動物．

◆参考図書＆参考文献
- 『初心者のための動物実験手技（1）』（鈴木　潔／編），講談社，1981
- 『実験動物入門』（中野健司／著），川島書店，1988

おさらい　実験動物の種類に見合った給餌を行いましょう．えさやチップの管理もしっかりと．

Case 54

2章-4 動物

動物の麻酔

実験中に麻酔が切れてしまった

対処方法

麻酔をかけたマウスが実験中に動き出した．これはよくある事例です．焦らず，まず落ち着きましょう．きちんと保定をして，麻酔ビンに移し，麻酔をかけなおします．ジエチルエーテルによる麻酔が一般的です．ビンに戻せないときは，エーテルを染み込ませた綿を入れたビーカーを頭にかぶせて麻酔をかけます．動物に苦痛を与えないよう適切な手段をとりましょう．麻酔をかけなおしたときは，動物の様子をよく観察して，麻酔のかけすぎに注意します．

!! 対処方法のココがポイント

▶ 麻酔の種類と基本手技

　麻酔は動物の苦痛を和らげるとともに，動物の取り扱いや観察，手術を容易にするために行われます．麻酔は，全身麻酔と局所麻酔がありますが，マウスやラットなどの実験用小動物には局所麻酔は用いられません．

　全身麻酔には，麻酔剤を投与する場合と，吸収麻酔をする場合があります．投与する麻酔剤としてマウスやラットによく用いられるのはペントバルビタールナトリウム（静脈内・腹腔内），チオペンタールナトリウム（静脈内）があります．ペントバルビタールナトリウムはネンブタール，ソムノペンテルという商品名で売られており，よく使われていますが，**麻酔及び向精神薬取締法に定められた麻酔薬ですので購入するときには手続きが必要となります．**

　ペントバルビタールナトリウムに次いでマウスで多く使われるのは，塩酸ケタミンと塩酸キシラジンの混合麻酔で，これら混合液を筋肉または腹腔内に投与します．

　吸収麻酔でよく使われるのはジエチルエーテルです．これは，取り扱いが容易で麻酔の管理もしやすく，しかも安価であることから小型動物にはよく使われます．麻酔ビンにジエチルエーテルを染み込ませた脱脂綿をおき，その中に動物を入れてフタを閉め，吸入させます．あるいは小型のビーカーにジエチルエーテルを染み込ま

A)

B)

ジエチルエーテルを
染み込ませた脱脂綿

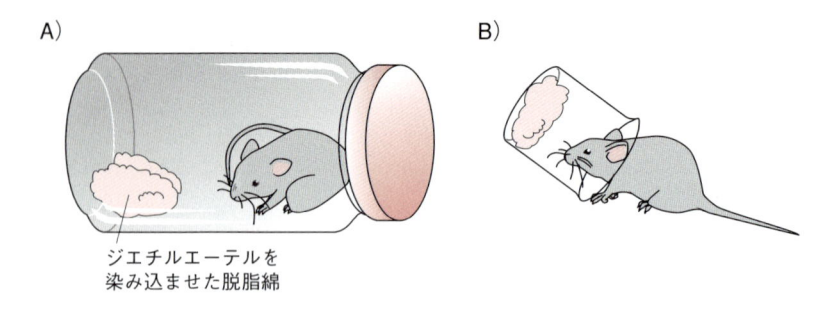

図● 吸入による麻酔
A）密閉できるガラスビンを麻酔ビンとして使用します．マウスや小型ラットでは，500 mL くらいの容量のビンにエーテルを約 50 mL，ラットでは，1,000 mL の容量のビンにエーテルを約 100 mL 用います．B）ビーカーを用いる方法は麻酔が途中で切れたときなど補助的に使います

せた脱脂綿を入れ，動物の鼻にあてて吸入させます（図）．初心者は特に麻酔のかけすぎに注意しましょう．麻酔をかけすぎるとマウスが死んでしまいます．マウスの体色の変化や体温の低下がみられたらかけすぎです．ジエチルエーテルは引火性や爆発性も高いので，**充分に換気のできる場所で行うことが必要です．**

そのほか吸入麻酔としては笑気（亜酸化窒素），メトキシフルラン，ハロセンなどが用いられます．笑気は，他の麻酔薬の導入を早めるために用います．単独では麻酔作用はありません．メトキシフルランは，麻酔の導入速度が遅いので，維持麻酔に利用されます．ハロセンは即効性があるので，安楽死などに利用されます．

このようにさまざまな麻酔法がありますが，どれを選択するのかは実験者に任されます．経験の浅い初心者は熟練者とともに実験を行うのが好ましいです．実験者は動物の様子をよく観察し，麻酔が浅すぎたり，効きすぎたりといったことがないようにしましょう．また，麻酔の効き方には多少の個体差があることも念頭においておきましょう．

1 動物実験に関する法規　基本ルール

動物実験は，医学や生物学の分野では重要，不可欠な手段です．しかし，動物実験に関する批判は少なくありません．実験を行う者は，動物実験に対する理解を充分に深めることが必要です．

動物に関する法規はたくさんありますが，そのなかでも動物実験に関するものとしては「動物の愛護及び管理に関する法律の一部を改正する法律」（平成 17 年法律第 68 号），「実験動物の飼養及び保管並びに苦痛の軽減に関する基準」（平成 18 年環境省告示第 88 号），「研究機関等における動物実験等の実施に関する基本

指針」(平成18年文部科学省告示第71号)などがあります.また日本学術会議から,「動物実験の適正な実施に向けたガイドライン」が2006年に公表されました.
　「動物の愛護および管理に関する法律」('00年施行)は動愛法と略され,日本の動物福祉の基本となる法律です.人が占有しているあらゆる動物に適用されると理解されますが,そのなかでも実験動物に関しては,動物の飼養および保管に関する項が重要です.さらに,'05年には改正されて第5章第41条に「できる限り動物を供する方法に代わり得るものを利用すること」,「できる限り動物の数を少なくすること」,「できる限りその動物に苦痛を与えない方法にすること」という条項が盛り込まれました.これらは,動物実験の基本理念である3つのR (⇒ 2)を指します.
　これらの法規を通して,実験動物の適正な愛護および管理と動物実験の適切な実施が求められています.なお,これらの法規はインターネットで公開されています.

「動物の愛護及び管理に関する法律の一部を改正する法律」
　　http://www.env.go.jp/nature/dobutsu/aigo/amend_law2/index.html
「実験動物の飼養及び保管並びに苦痛の軽減に関する基準」
　　http://www.env.go.jp/nature/dobutsu/aigo/anim_guide/index.html
「研究機関等における動物実験等の実施に関する基本指針」
　　http://www.mext.go.jp/b_menu/hakusho/nc/06060904.htm
「動物実験の適正な実施に向けたガイドライン」
　　http://www.scj.go.jp/ja/info/kohyo/pdf/kohyo-20-k16-2.pdf

2　3つのR　【基本用語】

　動物実験の基本的な理念で,「実験動物の使用数を減らすこと:Reduction」,「実験動物に代わるものを探すこと:Replacement」,「洗練された動物実験を実施すること:Refinement」の頭文字をとって,3つのRあるいは3Rと呼ばれています.

◆ **参考図書＆参考文献**
- 『マウス・ラットなるほどQ&A』(中釜　斉,北田一博,城石俊彦／編),羊土社,2007
- 『実験動物入門』(中野健司／著),川島書店,1988

おさらい　麻酔が切れたときは,まず落ち着き,動物に苦痛を与えないよう,適切な方法で麻酔をかけなおします.

Column ⑥

研究は何より材料づくりが大切．生き物に愛情を！感謝を！

バイオ研究では，何より材料づくりが大切です．どんな材料であろうともその調製をいかに行うかが，その後の研究のゆくえを左右するのです．さらには，それらの材料を提供してくれる生き物たちがいるからこそ，研究が成り立つことを忘れないようにしましょう．

動物飼育実験を行っているならば，世話を他人任せにしてはいけません．頻繁に様子を観察し，外観や行動に何か違いがないかをチェックしましょう．見続ければ動物が元気なのか，弱っているか様子を判断できるようになります．何か新しい生命現象が起こっていることも見逃すことはないでしょう．また，動物のストレスができるだけ軽減されるよう，常に気を配って飼育条件を整えましょう．このように常に心がけることがよい結果につながります．

遺伝子や細胞レベルの実験の場合，「実際に生き物は扱っていない」とはいっても，遺伝子や細胞のもとになっているのは生き物です．また，実験で用いる数々の試薬にも，生き物が起源のものが多いです．例えば，ある分析キットの中身を見てみると，中には血清や抗体が入っています．もちろんその起源はウサギやマウス，ウマなどの生き物です．

バイオ実験は，生命現象を解明しようとしているものですから，生き物がかかわってくるのは当然です．1つの生命現象を明らかにするためには，さまざまな生命が関与しています．たとえ，動物を飼っていなくても，実験を行うためには，多くの生物材料が使われているのです．これらの材料を大切にし，生き物に感謝をしましょう．多くの生き物たちが研究を支えてくれています．無計画でいいかげんな実験をすれば，犠牲になった貴重な生命がうかばれません．

遺伝子のような非常に小さな範囲であっても，その先には大きく複雑な生命の世界が広がっています．身の回りの生命現象をもっと観察してみましょう．あなたが見つめる相手は試験管の中だけではありません．

〈佐藤成美〉

3章

材料の調製
―DNA，RNA，タンパク質

| Case 55〜61 | 1. タンパク質 ……………… 146 |
| Case 62〜68 | 2. 核酸（DNA・RNA）……… 168 |

Case 55

3章-1 タンパク質　　　　　　　　　　　　抗体の力価と保存

ELISAで値が以前に比べ大幅に変わってしまった

対処方法

ELISAの値には抗体の力価が関与します．継続的にELISAを行う場合など，抗体は同ロットのものを必要量確保して1回分ずつに小分けにして凍結保存します．また，希釈後の抗体は凍結融解による失活を避けるため，防腐剤などを添加して冷蔵庫で4℃保管します．

!! 対処方法のココがポイント

▶ 抗体の適切な保存のしかた

　ELISA法とはマイクロウェルプレートに固相化した抗体によるタンパク質に特異的な定量法です．ELISAによる定量値は標準品による検量線から算出される相対値ですが，抗体力価が変われば，検出感度・精度・ダイナミックレンジなども変わります．モノクローナル抗体を除き，**抗体試薬（ポリクローナル抗体，抗血清）の力価は製造ロット**[*1]**により大きく異なります．**

　同じ条件でELISAを再現したくても，同ロットの抗体が入手できなければ，抗体濃度の最適化や添加回収率の評価などの条件検討から再度行うことになります．メーカーは自社で規定した基準（スペック）を満たせば，製品の出荷を行いますが，この基準が実験に必要な条件を満たすとは限りません．自分の実験条件を満たすロットの抗体試薬があれば必要量をロット指定で確保して，使用時まで適切な条件下で保存するのが確実です．

　タンパク質である抗体は保存中の変性により力価が低下する可能性があります．タンパク質の変性には主に**物理的傷害による変性・微生物や酵素による変性（分解）・化学的変性**[*2]があります．

[*1] ロットとは同一仕様で生産された製品群を意味します．抗体や組換えタンパク質も1回に製造される反応系（バッチ）に1つの製造ロットが割り振られることが多く，製造ロットが同じであれば基本的にロット内の製品は品質が均一であると考えられます．逆にいえばロットが異なれば仕様は仕様の許容範囲内で変化することがあります．継続的な製品の使用を検討する場合，3種類程度の製造ロット（続き番号）でサンプルを請求して製品の安定性を評価することもあります．

表●タンパク質の安定化に関する添加物

対象	作用	添加物
微生物の増殖	分解	防腐剤（0.1％アジ化ナトリウム，0.01％チメロサール）
プロテアーゼ	分解	酵素阻害剤（PMSF，アプロチニン，ロイペプチン，ペプスタチン，EDTA）
金属イオン・過酸化物	酸化	金属キレート剤・還元剤（1〜5 mM EDTA，DTT）
タンパク質濃度	吸着	キャリアタンパク質の添加（0.1〜1％ BSA，ゼラチン）
凍結融解サイクル	凝集	凍結防止剤（25〜50％ グリセロール，エチレングリコール）

　低温では微生物の増殖や酵素活性が低下するため，多くのタンパク質に関しては低温での保存で安定性は向上しますが，凍結と融解の繰り返し（凍結融解サイクル）によりタンパク質は不安定になることがあります．これは0〜−20℃の温度帯で最大となる氷結晶の形成による物理的傷害やタンパク質を安定化（溶媒和）している水分子間の会合状態の変化などが原因と考えられています．**入手した抗体溶液は凍結融解サイクルを避けるため1回分ずつ小分けして凍結保存するか，凍結防止剤（⇒ 1 ）の添加が可能であれば直接フリーザー（−20℃以下，−25〜−35℃が理想的）で保管します．**

　希釈後の抗体はバクテリアの増殖が生じない限り，数週間程度4℃で安定ですが，**微生物の増殖を抑える防腐剤や夾雑する分解酵素の阻害剤を添加することで，4℃での保存期間を数カ月程度まで延長することができます．**また，一般的にタンパク質は高濃度であるほど安定（1〜10 mg/mL が適当）なので BSA などのタンパク質を安定化剤として添加する場合もあります．代表的なタンパク質の安定化剤や防腐剤を**表**に示します．

　酵素標識抗体は凍結防止剤を添加した−20℃以下の保存が理想的ですが，アルカリホスファターゼのように凍結により不安定になる酵素では特に注意が必要です．また凍結防止剤には酵素活性を低下させるラジカル（重金属や過酸化物）が微量な不純物として含まれていることがあるため，抗体保存用の高純度な製品を選ぶことも重要です．酵素標識抗体を希釈溶液（数 ng/mL 程度）で長期保存（1年＠4℃）可能な ELISA 抗体希釈用バッファーなども市販されています．

[*2] システイン・トリプトファン・メチオニンの酸化のほか，酸性 pH でのペプチド結合開裂（アスパラギン酸），アルカリ pH でのグルタミン・アスパラギンの脱アミド化やジスルフィド結合の還元などが知られています．分子内ジスルフィド結合の還元（チオール−ジスルフィド交換反応）は分子間ジスルフィド結合を生じさせタンパク質凝集の原因として報告されてもいます[3]．化学的変性は温度の上昇とともに促進するため，防腐剤を添加しても4℃以下で保存します．

■1 凍結防止剤　試薬の基本

　高濃度の糖類やポリオール（多価アルコール）類はタンパク質の低温保存で安定化剤として使用されます．糖類は優れた安定化剤ですが，アルデヒド基などを含む還元糖はアミノ基と反応して有害なグリコシル化（メイラード反応）が生じるため使用できません．ポリオールとしてはグリセロールが最も一般的ですが，微生物増殖の基質になります．微生物の基質とならないエチレングリコールやポリエチレングリコール（PEG）などが理想的です．ただし，ポリオールには不純物としてアルデヒド化合物が含まれることがありますので，高純度な製品を使用する必要があります．

　細胞凍結の添加剤でも使用されるDMSOは酸化剤でありタンパク質が酸化を受けることがあります．

◆参考図書＆参考文献

- 1）『Antibodies : A Laboratory Manual』（Harlow, E. & Lane, D.），pp285-287, Cold Spring Harbor Laboratory Press, 1988
  ⇒抗体の産生，精製，断片化，標識，保存，抗体を使用したアプリケーションに関する参考書です．
- 2）『Protein Purification Protocols』（Doonan, S.），Humana Press, 1996
  ⇒タンパク質の精製，抽出，保存に関する参考書です．
- 3）Liu, W. R. et al.：Moisture-induced aggregation of Lyophilized proteins in the solid state. Biotechnol. Bioeng., 37 : 177-184, 1991
  ⇒チオール・ジスルフィド交換によるタンパク質の化学的変性に関する文献です．

> **おさらい**
> 再現性の高いELISAを行うには，抗体は製造ロット指定で必要量確保して小分けするか，凍結防止剤などを添加して適切に保管します．希釈抗体溶液は防腐剤や安定剤を添加して4℃で保存することで数週間は安定に使用できます．

Case 56 抗体の疎水吸着

3章-1 タンパク質

抗体をマイクロプレートやマイクロビーズに吸着させたら活性が低下してしまった

対処方法

吸着時の抗体濃度を高めることで活性低下を防ぐことができます．疎水的相互作用により変性を受ける抗体には，プロテインAやGを使用するか化学的共有結合することで活性低下を防ぎます．

!! 対処方法のココがポイント

▶ 抗体の吸着と活性維持

抗体の固相への吸着はビーズアッセイやELISAで頻繁に行われる操作です．タンパク質性リガンドの吸着にはポリスチレンなどの疎水性樹脂の表面が使用され，疎水的相互作用（Van der Waals, London type）により吸着が行われます．抗体のFc部位（C末端側）は疎水性が高く抗原結合部位（N末端側）から離れた位置にあるため，Fc部位を介した疎水吸着が行われた場合には抗原結合部位を上にした形で配向され，原理的には抗原抗体反応も立体傷害を受けないことになります．

吸着時に固相表面の疎水サイトが余っていると，抗体のFc以外の部位も（二次的な）吸着に関与するため，抗体は横向きに固定されることがあります．**この現象は吸着に使用する抗体濃度が低い場合に生じやすいとされています**[2]（図）．ポリスチレンのIgG吸着キャパシティは 1.5〜2.5 ng/mm^2（高キャパシティプレートなどでも 4.0 ng/mm^2）ですが，IgGの凝集を考慮して吸着キャパシティの3〜10倍過剰でIgGは添加されます．疎水吸着に用いる捕獲抗体の濃度は 1〜10 μg/mL が一般的です．

疎水吸着は従来から使用されている手法ですが，疎水吸着後の抗体のほとんどで不活性化された例も報告されています[3]．モノクローナル抗体で90％程度，ポリクローナル抗体では75％程度が変性するそうです．

そこで直接IgGを疎水吸着させる代わりに，プロテインAやGまたはストレプトアビジンなどを使って間接的にIgGを（非共有結合的に）固定化する方法（図）や

高濃度の抗体が吸着した場合	低濃度の抗体が吸着した場合	ブロック済みのプロテインA/Gプレート	ブロック済みのストレプトアビジンプレート

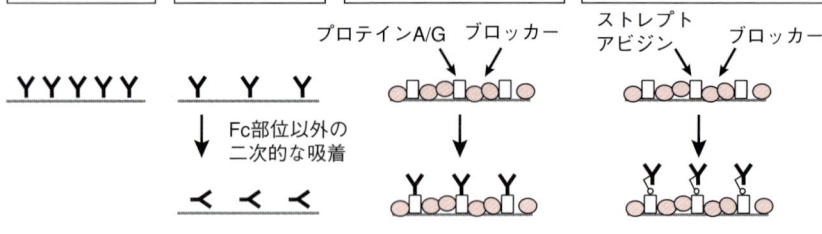

図●抗体の固相化のパターン

　活性化プレート（⇒🔑1）に共有結合させる方法もあります．このような方法は抗体を直接吸着させる方法に比べ，抗体の活性が維持されやすいことも知られています．プロテインAやGを介した結合では抗体が抗原抗体反応を阻害されない向きで結合（配向）できますが，インタクトなIgGと結合するため検出抗体にはFc部位を除いたFabなどを使用する必要があります．

🔑1 活性化プレート　知ってお得

　無水マレイン酸などの化学的官能基により表面が活性化されたアミン反応性の96穴プレートも市販されており，疎水吸着が困難な2,000 Da以下のペプチドなどのIndirect-ELISAにも有効です．

　ストレプトアビジンなどを吸着させたプレートにビオチン化した抗体を結合させる方法も有効です．ビオチン標識試薬には分子内にスペーサーアームと呼ばれるアルキル鎖などが含まれ，ストレプトアビジンとの結合後も立体障害を軽減することができます．アルキル鎖は疎水的性質が強いため，親水性のポリエチレングリコール（PEG）鎖などをスペーサーアームとして含むビオチン標識試薬も市販されています．

◆参考図書＆参考文献

- 1)『Immobilized Affinity Ligand Techniques』(Greg T. Hermanson et al.), Academic Press, 1992　⇒タンパク質の化学的，物理的な固定化に関する参考書です．
- 2)『TechNote #204 Adsorption to Microspheres』, Bangs Laboratory　⇒ポリスチレンビーズへの抗体吸着に関するテクニカルガイドです．
- 3) Butler, J. E. et al.：Immunochemistry of Sandwich ELISA. Mol. Immunol., 30：1165-1175, 1993　⇒疎水吸着による抗体の変性に関する文献です．

> **おさらい**　抗体の疎水吸着では過剰量を添加して活性を最大限に維持します．疎水吸着により不安定になる抗体にはプロテインAやG，抗体のビオチン標識や共有結合も有効です．

Case 57

3章-1 タンパク質　　　　　　　　　　　　　　　　　　　　　　　　　抗体の精製

抗体をアフィニティー精製カラムで精製したが回収率が低かった

対処方法

プロテインAは抗体の種やサブクラスにより親和性結合力が異なります．特にマウスIgG1はほとんど結合しません．プロテインGを使用するか，プロテインAとの結合溶出条件を変更します．

!! 対処方法のココがポイント

▶ アルファベットプロテインの性質

　プロテインAやGを固定したアガロースなどのアフィニティーレジンによる抗体アフィニティー精製は広く利用されている精製法です．アルファベットプロテインと称される，これらのタンパク質はバクテリアの細胞壁から単離され，（プロテインGの場合はアルブミン結合部位などを排した）組換えタンパク質として架橋化アガロースゲルなどに固定され，抗体精製や免疫沈降に広く利用されています．中性pH（0.1M Tris, pH 8.0）で結合，酸性pH（0.1M Glycine, pH 2.8）で変性・溶出を行うのが最も一般的です．**これらのタンパク質は抗体の種やクラス/サブクラスによって親和性結合力が異なります．**例えば，マウス血清の優勢なサブクラスであるIgG1はプロテインAとの結合が弱いことが知られます．

【プロテインA】

　ヒトIgG1，IgG2，IgG4，マウスIgG2a，IgG2b，IgG3，ラビットIgGと強く結合しますが，ヒトIgG3，マウスIgG1，ラットIgG2a，IgG2bとはほとんど結合しません．ホストやサブクラスにより親和性結合力が大きく異なります（表）．ラビットIgGの精製で利用されることが多いです．高塩濃度下（3.3M NaCl）ではマウスIgG1と結合します（ウシIgGとも弱く結合します）．

【プロテインG】

　ヒト，マウス，ラビットのほとんどのIgGサブクラスと強く結合します（表）．ただしラットIgG2bとはほとんど結合しません．マウスIgGの精製に利用されることが多いです．マウスIgG1とも結合し，腹水からの精製にも利用されますが，培

表 ● プロテインAやGとのIgGの親和性結合力

		プロテインA	プロテインG
ヒト	Total IgG	○	○
	IgG1	○	○
	IgG2	○	○
	IgG3	×	○
	IgG4	○	○
マウス	Total IgG	○	○
	IgG1	×	△
	IgG2a	○	○
	IgG2b	○	○
	IgG3	○	○
ラビット	Total IgG	○	○

養上清からの精製には利用されません（ウシIgGと強く結合します）．Fabとの交叉反応が知られていますので，FcやIgGを分離するFab精製には使用されません．

プロテインAやGからの溶出条件としては酸性pHが一般的で，溶出後にpHを中和することでほとんどの抗体は活性を維持したまま精製されます．ただし酸性pHでダメージを受け活性が低下する抗体には，酸性pHの溶出の代わりに高塩濃度による溶出が行われることもあります．また，中性pHの通過画分にIgGを回収できるアフィニティー精製カラムも市販されています．

1 プロテインL 〈知ってお得〉

特定のκ軽鎖サブタイプ（ヒトⅠ，Ⅲ，Ⅳ型，およびマウスⅡ型）を介してほとんどのIgクラスに結合します．IgMやIgAまたはScFv（single chain variable fragment）とも結合して，かつ軽鎖との結合で抗原結合を阻害しないユニークな特性があります．**ウシIgGとの結合を示さないため，FBSなどの血清培地を含む培養上清からのIgGやIgMの精製にも使用されます．**

◆参考図書＆参考文献

- 『Antibodies：A Laboratory Manual』(Harlow, E. & Lane, D.), Cold Spring Harbor Laboratory Press, 1988
- 『Immobilized Affinity Ligand Techniques』(Greg T. Hermanson et al.), pp331-333, Academic Press, 1992

おさらい プロテインAやGの種類だけでなく，場合によっては抗体の種やクラス/サブクラスによりさまざまな結合・溶出条件を検討します．

Case 58

3章-1　タンパク質　　　　　　　　　　　　　　　　抗体の標識

抗体に標識したら活性が著しく低下してしまった

対処方法

立体障害により活性が低下している可能性があります．部位選択的な酵素標識を行うか，スペーサーアームの延長で抗原抗体反応を阻害する立体障害を軽減します．

!! 対処方法のココがポイント

▶ 立体障害を避ける方法

分子量の小さい蛍光標識（⇒ 1）と異なり，タンパク質である酵素は分子量が大きいため抗体への修飾部位によっては抗原抗体反応を阻害することがあります．これは**立体障害**と呼ばれます．

例えばELISAなどで抗原特異抗体（一次抗体）を直接標識して用いるのに比べ，標識二次抗体を用いる利点として，二次抗体によるシグナル増幅のほかに，この立体障害性も関係しています．

特に一次抗体として使用されるモノクローナル抗体では，抗体分子が均一であるため立体障害は致命的なダメージとなることがあります．ポリクローナル抗体を二次抗体として標識することで抗原認識における立体障害のリスクは軽減します．

立体障害を避け抗体の活性を最大限に維持するためには，N末端側の抗原結合部位（活性中心）から離れた官能基に対して部位選択的な標識をするか，充分な長さのスペーサーアームを介した標識が必要になります（図）．

▶ さまざまな抗体標識のしかた

部位選択的標識法の1つに2-メルカプトエタノールアミンにより抗体ヒンジ部のジスルフィド結合を還元して得たチオールに対してMBS（m-Maleimidobenzoyl-N-hydroxysuccinimide ester）により標識を行うマレイミド・ヒンジ法があります．MBSよりも水中での半減期の長いSMCC（succinimidyl 4-[N-maleimidomethyl]-cyclohexane-1-carboxylate）なども使用されます．

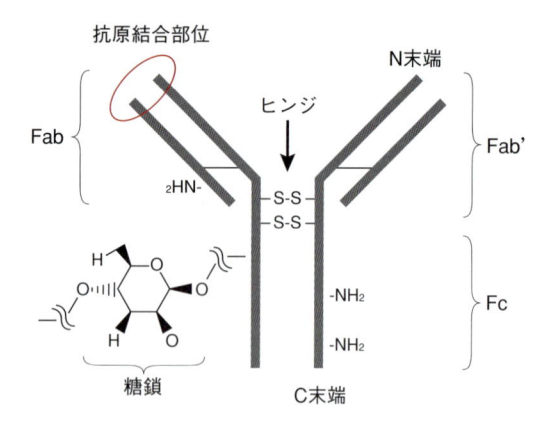

図● IgG抗体

　この手法は特にペプシン消化で得られるFab'のヒンジ法で利用されています（消化により露出した疎水性部位が標識酵素でマスクされるため，Fab'のヒンジ法では固相への非特異的吸着も軽減します）．糖鎖が利用できる場合には抗体や酵素などを過ヨウ素酸などで酸化して糖鎖のジオールをアルデヒドに変換することで，ヒドラジドまたは1級アミンと結合させることができます．この手法は糖タンパク質のホースラディッシュペルオキシダーゼ（HRP）を過ヨウ素酸で酸化して，酵素活性を維持したまま抗体をHRP標識する際にも利用されています．

　抗体や酵素でも1級アミンを介して標識することは多く，反応条件さえ選べば必ずしも部位選択的な標識を必要としないこともあります．ただし重合を防ぐためカップリングはヘテロな架橋が望ましく，グルタルアルデヒドなど1級アミンに対するホモ架橋剤によるカップリングでは抗体や酵素の重合のリスクが高まります．

　一般的な架橋剤ではC6〜C13直鎖状アルキル鎖に相当するスペーサーアーム長（13.5〜22.4 Å）となります．抗体などに初めて標識する場合，ロングチェーンなどと呼ばれる22.4 Å程度のスペーサーアームが推奨されます．**スペーサーアームが長くなれば立体障害性は低下しますが，アルキル鎖は疎水的であり，長すぎると標識後に抗体の水溶性を低下させ凝集や吸着の原因にもなります**（スペーサーアーム自体が折れ曲がることもあります）．そこでアルキル鎖の代わりに親水性のポリエチレングリコール（PEG）鎖を使用した架橋剤も登場しています．

1 蛍光標識　知ってお得

　蛍光剤は複数の芳香環が平面上で連結した疎水性の高い分子構造を有していることが多く，蛍光標識により標識したタンパク質で活性低下や水溶性低下（吸着

や凝集）を生じます．また，過剰な蛍光標識（over-labeling）による自家消光（self-quenching）も問題になります．タンパク質分子あたりの蛍光標識数（F/P 比）で 8〜10 以上になると量子収率（quantum yield）が低下するとされています．通常，抗体の蛍光標識では F/P 比は 6 以下が一般的です．蛍光色素 FITC による IgG 蛍光標識では F/P 比は 3〜4 程度ですが，この値は蛍光剤や標識するタンパク質（分子量）によっても異なります．親水性の高い蛍光剤を使用すれば，抗体の活性を低下させず F/P 比を高めることができるため，シグナル強度も向上させることができます．

蛍光標識の評価

$$\text{タンパク質濃度} = \frac{A(280) - A(\max) \times CF}{\varepsilon(p)} \times 希釈率$$

$$\text{タンパク質分子あたりの蛍光標識数} = \frac{A(\max)}{\varepsilon(f) \times \text{タンパク質濃度}} \times 希釈率$$

- $A(\max)$：極大励起波長における蛍光標識タンパク質の吸光度
- $A(280)$：280 nm における蛍光標識タンパク質の吸光度
- CF：蛍光色素の 280 nm における吸光度/蛍光色素の極大励起波長における吸光度
- $\varepsilon(f)$：蛍光色素のモル吸光係数
- $\varepsilon(p)$：タンパク質のモル吸光係数〔IgG の $\varepsilon(f)$ は 210,000/M・cm〕

3章 材料の調製—DNA，RNA，タンパク質

◆**参考図書&参考文献**

- 『Bioconjugate Techniques』（Greg T. Hermanson），Academic Press，1996
  ⇒タンパク質の架橋・標識・修飾に関する参考書です．
- 『生物化学実験法 27 酵素標識法』（石川榮治／著），学会出版センター，1991

おさらい 充分なスペーサーアームを介して部位特異的標識を行うことで立体障害を軽減します．蛍光標識では過剰標識にも注意します．

Case 59

3章-1 タンパク質　　　　　　　　細胞表面のビオチン化

細胞表面を選択的にタグ標識して抽出したが，アフィニティー精製物に夾雑がみられた

対処方法

サブコンフルエントな細胞を膜不透過性の水溶性試薬で標識・回収します．精製には非特異的結合や固定化リガンドのリーク（溶出）の少ないアフィニティー精製カラムを使用します．また，コントロールも用意して結果を比較します．

!! 対処方法の**ココ**がポイント

▶ 細胞表面への選択的な標識

　<u>脂質二重膜で構成される細胞膜はインタクトな状態であれば水溶性試薬を透過しません</u>．通常はコンフルエント（細胞が増殖して培養容器の培養面全体を周密的に覆った状態）に達する前（80〜90％のサブコンフルエント）の細胞を冷PBSなどで数秒間洗浄後，水溶性の標識試薬を用いることで細胞表面への選択的な標識が行われます．水溶性試薬を用いた細胞表面の標識・修飾・架橋反応は相互作用の検出や局在性の確認などさまざまな用途で利用されます．

　標識に用いられるタグとしては，分子量244の低分子であるビオチン（D-biotin）が代表的です．このビオチンはアビジンやストレプトアビジンなどのビオチン結合性タンパク質（⇒ 1 ）と非共有結合的に結合します（図）．

　これらの四量体のタンパク質には各サブユニットに深さ9Åのビオチン結合ポケットが1つ存在し，このポケット内部ではトリプトファン（Trp-70，-110）やリシン（Lys-45，-94，-111）による疎水結合および水素結合が関与しているとされています．

▶ 精製過程での夾雑を防ぐ方法

　ビオチン標識されたタンパク質のアフィニティー精製にはアビジンやストレプトアビジンをアガロースゲルなどに固定化した担体を充填したカラムが利用されます．ア

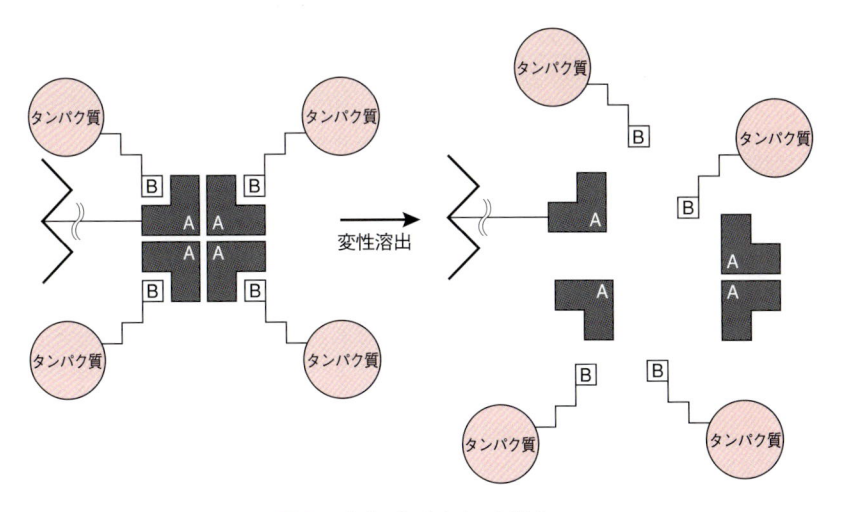

図 ● アビジンとビオチンの結合
A：アビジン，B：ビオチン

　ビジンとビオチンの結合はKd＝1.3×10^{-15} M（@ pH 5）で非共有結合では最強であり，結合後はアビジンのコンフォメーション変化により広いpH（pH 2〜11）で安定です．

　ビオチンの完全解離には 8 M グアニジン塩酸，pH1.5，またはSDSサンプルバッファーボイル（95℃）などの苛酷な変性条件が必要となりますが，**この溶出条件ではアビジンの変性も生じるため，アビジンのサブユニットも溶出物に夾雑します**．

　ビオチンはビタミン H とも呼ばれ，実は増殖因子として細胞内にも微量ですが内在（細胞内タンパク質にはリシン側鎖のεアミンを介して共有結合）しています．したがって，水溶性試薬で細胞表面に選択的なビオチン標識を行っても，アフィニティー精製物には細胞内タンパク質が検出されることがあります．未標識の細胞破砕物をアフィニティーカラムに添加して洗浄・溶出したネガティブコントロールを用いて内在性ビオチンを確認することもできます．

1 ビオチン結合性タンパク質　知ってお得

　アビジンは塩基性の卵白由来の糖タンパク質であり**レクチン**（糖結合性タンパク質）と結合します．さらに中性pHでは正に荷電して酸性タンパク質との静電的な相互作用による非特異的な結合も生じます．

　ストレプトアビジンは細菌由来の弱酸性タンパク質で糖鎖を含みません．アビジンと比較すると非特異的な結合は少なくなりますが，細胞接着分子のインテグリンが配列特異的に結合するRGDペプチド（細胞接着分子のフィブロネクチンな

表●アビジン様タンパク質

	分子量	等電点	中性pHでの電荷	糖鎖	RYD	非特異的結合
アビジン	67 kD	10.5	正に強く荷電	あり	なし	高い
ストレプトアビジン	53 kD	5.5	負に荷電	なし	あり	低い
ニュートラアビジン	60 kD	6.3	負に弱く荷電	なし	なし	非常に低い

どに含まれる Arg-Gly-Asp のトリペプチド）に類似な配列 RYD（Arg-Tyr-Asp）を含むため、**細胞接着分子**を含む細胞由来試料ではビオチンに非特異的な結合がみられることがあります。

ニュートラアビジンはアビジンを脱グリコシル化した単純タンパク質であり、中性 pH での使用において非特異的結合が最小なビオチン結合性タンパク質とされます。

表のタンパク質はいずれも pH 2～11 で安定であり、ビオチンの解離には 8 M グアニジン塩酸、pH1.5、または SDS サンプルバッファーボイル（95℃）などの苛酷な条件が必要であり、固定化カラムからはサブユニット（15～17kD）のモノマーやダイマーが夾雑することになります。

このサブユニットによりウエスタンブロッティングで目的バンドがマスクされるのを防ぐには、穏やかな条件（2 mM D-biotin による競合）で溶出できる固定化モノメリックアビジンを使用するか、ジスルフィド還元により切断可能な SS ビオチン標識試薬を使用します。

◆ **参考図書＆参考文献**

- 『Avidin-Biotin Chemistry』(Savage, M. D. et al.), PIERCE Chemical Company
  ⇒アビジンとビオチンの結合と基本的なアプリケーションに関する参考書.

おさらい 夾雑を防ぐには、インタクトな細胞表面を水溶性試薬で標識して穏やかな条件で回収できるカラムを選択します。

Case 60

3章-1　タンパク質　　　　　　　　　　　　　　　タンパク質間相互作用

タンパク質間相互作用検出で共免疫沈降がうまくいかなかった

対処方法

相互作用を破壊しない抽出・洗浄条件を検討します．抗体は免疫沈降用のモノクローナル抗体を使用します．相互作用に関与している補因子があれば阻害しないように注意します．相互作用複合体を維持できない場合には架橋複合体として共免疫沈降します．

!! 対処方法のココがポイント

▶ 共免疫沈降に影響を与える条件

　共免疫沈降（Co-IP：Co-Immunoprecipitation，図1）は in vitro でのタンパク質間相互作用（PPI：Protein-Protein Interaction）の検出に利用されます．原理は抗体で抗原を捕獲する免疫沈降と類似していますが，抗原に結合しているパートナータンパク質との PPI を維持したまま PPI 複合体として沈降させます．**抗原-抗体の結合と比べ PPI では結合が弱いことも多く，細胞からの抽出やカラムの洗浄は PPI 複合体を破壊しない穏やかな条件**で行います．

　細胞質内 PPI 複合体の抽出には，細胞膜だけを破壊して水溶性タンパク質を放出させる必要最小限の非イオン性界面活性剤を用います．ただし，膜タンパク質の可溶化には膜タンパク質−界面活性剤の混合ミセル形成が必要であり，通常は臨界ミセル濃度（CMC）以上の界面活性剤による飽和が必要になります（Case 22 参照）．**一般的に CMC 以上の界面活性剤による抽出では膜タンパク質との会合状態にも影響を与えることが多く，化学的架橋（⇒ 1 ）を行ってから抽出して架橋複合体として共沈させることもあります．**

　カラムは非特異的な吸着を防ぐため 1 M 程度の NaCl などで洗浄しますが，PPI 複合体によっては洗浄回数や強度を弱める必要があります（⇒ 2 ）．抽出や洗浄の際に破壊されてしまう弱い PPI の検出やウエスタンブロッティングでホモダイマーを確認したい場合にもあらかじめ化学的架橋を行い，架橋複合体として抽出することがあります．

　そのほかに共免疫沈降に影響する条件としては，①変性抗原に対して作製されて

図1 ● Co-IP

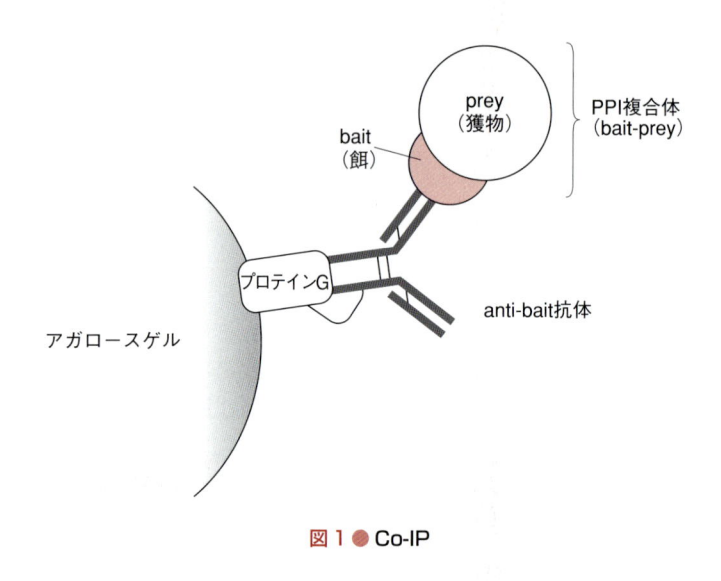

いるウエスタン用の抗体が免疫沈降に使用され，非変性なタンパク質を認識できない，②抗原部位がPPIの結合部位に含まれているため，抗体が認識できず免疫沈降ができない，③プロテアーゼ阻害剤のEDTAが金属イオン要求性のPPI複合体に影響を与えている，などがあります．

1 化学的架橋　知ってお得

架橋後にCo-IPする場合，架橋複合体は共有結合されているため抽出・洗浄条件を強めることができ，担体への非特異的な吸着も減少します．ただし複合体がPPI特異的な架橋産物かどうかを陰性コントロールにより検証する必要があります．細胞への刺激の有無など架橋剤を添加しても架橋産物が形成されない条件で架橋を行い，両者を比較します．

2 担体への非特異的結合　知ってお得

共免疫沈降ではPPIを破壊しないように洗浄強度や回数を弱めて行うため，溶出試料からのSDS-PAGEではPPIに無関係と思われる複数のバンドが検出されることも珍しくありません．担体への非特異的な吸着は陰性コントロール担体（アガロース担体，固定化プロテインAやGアガロース担体，非特異抗体を結合させた担体）を用いて確認します．このような非特異的なバンドが確認される場合，試料をあらかじめ陰性コントロール担体によりプレクリアする方法もあります（図2）．

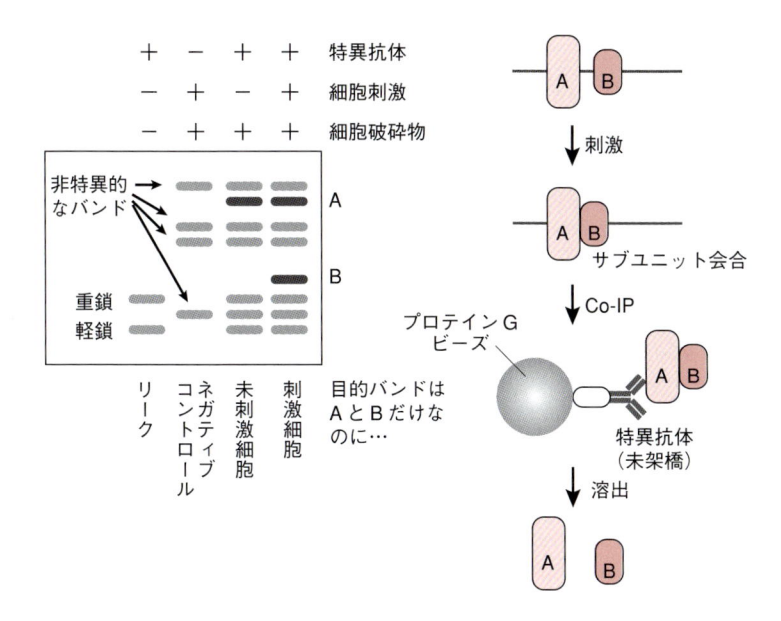

図2 ● Co-IP カラム溶出物の SDS-PAGE 染色イメージ

重・軽鎖バンドは抗体を架橋することで，非特異的結合はビーズとのプレクリアである程度は消失します．

◆ **参考図書＆参考文献**

- Klostermann, E. et al.：The thylacoid membrane protein ALB3 associates with the cpSecY-translocase in *arabidopsis thaliana*. Biochem. J., 368：777-781, 2002
 ⇒シロイヌナズナ膜タンパク質の Co-IP（および Crosslinked Co-IP）と BN-PAGE の検証．
- Nishino, M. et al.：Over-expression of GM1 enhances cell proliferation with epidermal growth factor without affecting the receptor localization in the microdomain in PC12 cells. Int. J. Oncol., 26：191-199, 2005
 ⇒ガングリオシド GM1 を過剰発現させ EGFR ダイマー化を細胞上で BS^3 でクロスリンクして IP した論文．

おさらい 相互作用検出では抗体の選択，抽出や洗浄などの操作条件，補因子，コントロールが重要です．

Case 60 ● タンパク質間相互作用

Column ⑦

架橋剤によるタンパク質の解析

架橋剤は「抗体の酵素標識」や「キャリアタンパク質とハプテンのコンジュゲート」といったカップリングを目的とする用途のほか，タンパク質-タンパク質の相互作用（PPI：Protein-Protein Interaction）の検出でも使用されています．❶ホモダイマー化の確認，❷免疫沈降までのPPI複合体の維持，❸精製タンパク質の高次構造の推定，が架橋剤の代表的な使用例としてあげられます．

❶ホモダイマー化の確認

免疫共沈降（Co-IP：Co-Immunoprecipitation）はPPI検出の強力なツールですが，ホモサブユニットで形成される会合体の確認には向きません．例えばリガンド結合などによりヘテロダイマー化する受容体はCo-IP後にSDS-PAGEやウエスタンブロッティングを行うことで，分子量の異なるヘテロなサブユニットを確認することができます．しかし分子量が等しいホモダイマーのサブユニットからでは，ダイマーを形成していたのか判別できません．ホモダイマーでは分子量のシフト（ダイマーでは2倍にシフト）から会合を確認するため，SDS-PAGEやウエスタンブロッティングまで複合体を共有結合的に維持する必要があります．このような目的には還元剤で切断されない架橋剤を用いて細胞表面で架橋します．さらに架橋剤（＋/－）細胞をPPI形成条件（細胞刺激の有無など）で比較することで架橋産物のPPI特異性の検証を行います．

❷Crosslinked Co-IP

ホモダイマー化の確認以外でも，抽出や洗浄で破壊されてしまう比較的弱いPPIの維持やCo-IPで使用できる抗体が入手困難（ただし変性タンパク質に対するウエスタン用の抗体は入手可能）な場合のPPIの確認などでも，架橋剤が使用されることがあります．架橋は細胞表面（水溶性試薬），細胞質内（疎水性試薬），細胞破砕物中（水溶性試薬）で行われます．架橋自体はPPI特異的に行われるわけではありませんので陰性コントロールを使用した検証が必要になります．特異性検証のコントロールとしては，①PPIの因子（補因子，ATP，金属イオン）に依存した架橋産物の出現/消失，②PPIを阻害して架橋を阻害しない条件（界面活性剤・変性剤・塩の存在下での架橋，細胞破砕物の熱変性後の架橋）に依存した架橋産物の出現/消失，などが考えられます．

❸高次構造の推定

精製タンパク質の分子内（サブユニット間）で架橋した消化フラグメントから高次構造を解析します．スペーサーアームの長さ（スペーサー長）の異なる数種類の架橋剤を分子レベルの定規として使用することで架橋の可否と各スペーサー長からペプチド間の相互距離を配列データベースを用いて推定します．SDS-PAGEで不必要な分子間架橋（重合体）が形成されない架橋条件を確認して，分子内架橋されているタンパク質バンドから消化を行い，未架橋の陰性コントロールとピークパターンを比較して，架橋タンパク質だけに出現しているピークを同定します．スクリーニングを容易にするために，安定同位体ラベルがスペーサーアーム内に含まれる架橋剤（Deuterated Crosslinkers, Thermo Fisher PIERCE社）なども利用されます．

実際のPPI検出では1級アミンを標的とするNHSエステル架橋剤が頻繁に使用されます．すでに相互作用しているPPI複合体上の近接した官能基間の架橋を目的としているため，溶液中でのタンパク質分子間の衝突は架橋に不要です．逆に，高濃度溶液中での衝突はPPIに無関係な非特異的な架橋産物を増加させます．したがって一般的にタンパク質濃度は低く抑え，架橋剤は大過剰で使用する

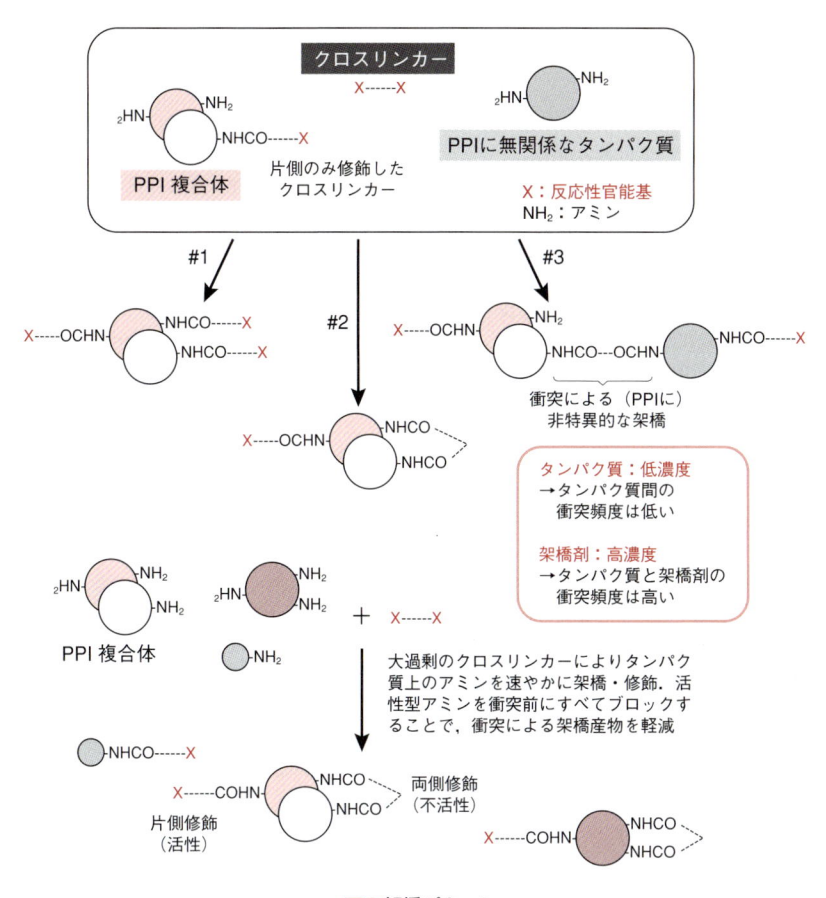

図●架橋パターン

傾向があります（図）．例えば，BS^{3}などの架橋剤は非特異的な架橋では1～10 mg/mL以上のタンパク質溶液に対して（反応中の加水分解を考慮して）数倍〜数十倍モル過剰で添加されますが，PPI検出では1 mg/mL以下（通常は数μM以下）のタンパク質溶液に対して数十倍〜数百倍モル過剰で添加されます．大過剰の架橋剤の添加には低濃度タンパク質溶液での架橋効率の維持のほかに，大過剰の架橋剤で（衝突前に）近接アミン間を架橋（または片側修飾）して不活性化（クエンチ）することで衝突による非特異的架橋産物を抑える目的もあります．

◆参考図書＆参考文献
- 『Bioconjugate Techniques』（Greg T. Hermanson），Academic Press, 1996
- Chen, T. et al.：Mol. Cell. Biol., 17：5707-5718, 1997 ⇒膜透過性架橋剤DSSによる細胞内 in vivo 架橋とタンパク質間相互作用検出．
- Dihazi, G. H. & Sinz, A.：Rapid Commun. Mass Spectrom., 17：2005-2014, 2003 ⇒化学的架橋による精製タンパク質の低解像度立体構造の推測．

（萬代知哉）

Column ⑧

ラベル転移法によるタンパク質-タンパク質の相互作用検出

アリルアジド，ベンゾフェノン，ジアゾ化合物などの紫外線の照射により活性化される官能基を分子内に含む架橋剤をフォトクロスリンカー（Photo Reactive Crosslinker）と呼びます．溶液中でのタンパク質間衝突のようなきわめて短時間の近接でも充分な収率が得られる通常の架橋剤と異なり，反応効率の低いフォトクロスリンカーではタンパク質間が近接距離を維持していないと充分な反応収率が得られません．タンパク質-タンパク質の相互作用検出（PPI：Protein Protein Interaction）は結合強度に違いはありますが基本的にタンパク質間は近接状態にあり，フォトクロスリンカーによる架橋はPPI複合体間に選択的に行われることになります．

ラベル転移法（図）はフォトクロスリンカー分子内にラベル（標識分子）を導入した架橋試薬を用います．ラベルの種類には安定同位体やビオチン[*1]などがあり，通常は1級アミンやチオールに対して反応する官能基と光活性基を含むヘテロなクロスリンカーがPPIでの結合パートナーの探索などに利用されます．ラベル転移では遮光下で精製タンパク質（bait＝餌）にラベル転移剤を修飾します．修飾baitを餌にして結合パートナータンパク質（prey＝獲物）と反応させた後，タンパク質へのダメージが比較的少ない300～350nmの長波長の紫外線により活性化させ架橋します．架橋後は還元剤などによる開裂を行いラベルはbaitからpreyに受け渡されます．

試薬の特性上ラベル転移はbaitからpreyに対して選択的に行われますが，PPI特異性の検証は別途必要です．例えば相互作用に無関係なタンパク質（BSAなど）を陰性コントロールにしたSBED修飾BSAからpreyに対してのラベル転移の有無，preyの熱変性などPPIを阻害する条件下での反応，また未修飾の精製baitタンパク質を反応系に添加して競合的なラベル転移産物の（シグナル）減少を確認することなどで行います．

◆参考図書&参考文献

- Hurst, G. B. et al.：Mass Spectrometric Detection of Affinity Purified Crosslinked Peptides. J. Am. Soc. Mass Spectrom., 15：832-839, 2004
  ⇒低分子量ペプチド（ニューロテンシン）を用いたラベル転移産物のMALDI-TOF質量分析パターン．
- 『分子間相互作用解析ハンドブック』（礒辺俊明，中山敬一，伊藤隆司／編），羊土社，2007
- Minami, Y. et al.：A Critical Role for the Proteasome Activator PA28 in the Hsp90-dependent Protein Refolding. J. Biol. Chem., 275：9055-9061, 2000
  ⇒タンパク質リフォールディングにおけるラベル転移法（熱変性タンパク質の再生に関連するタンパク質への経時的なラベル転移）．

（萬代知哉）

[*1] ビオチンタグを分子内に含むフォトクロスリンカー（Sulfo-SBED, Thermo Fisher PIERCE社）はラベル転移後のビオチン結合性タンパク質による精製・検出が可能であり，架橋複合体を限定消化することによりビオチンタグを含むprey由来の消化フラグメントとしてタグアフィニティー精製することができます．消化フラグメントはMALDI-TOF/MSなどによる配列解析によりパートナー（prey）の同定に利用されます．

1）baitのSBED化

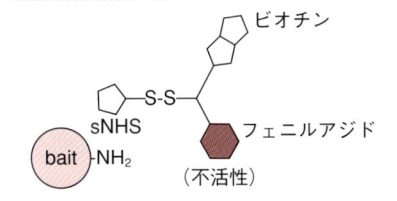

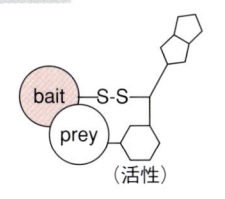

ビオチン
sNHS
bait—NH₂　—S-S—　フェニルアジド（不活性）

2）preyの添加

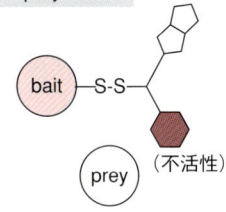

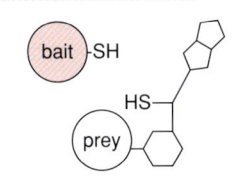

bait—S-S—（不活性）
prey

3）bait-prey相互作用

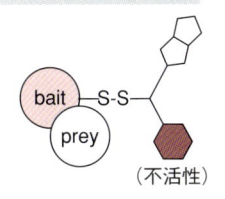

bait
prey　—S-S—（不活性）

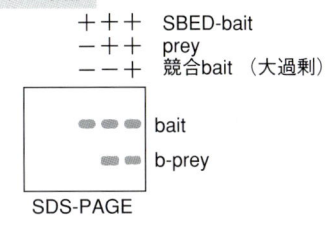

4）フェニルアジド活性化

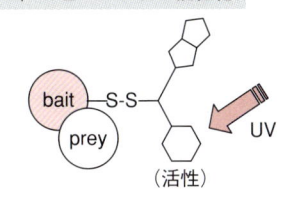

bait
prey　—S-S—（活性）　UV

5）架橋

bait—S-S—
prey　（活性）

6）ラベル転移（還元）

bait—SH
HS—
prey

7）ゲル染色

＋＋＋　SBED-bait
－＋＋　prey
－－＋　競合bait（大過剰）

bait
b-prey

SDS-PAGE

8）Streptavidin-HRP検出

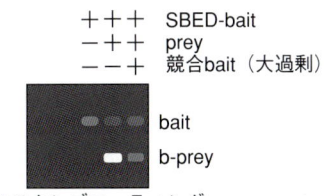

＋＋＋　SBED-bait
－＋＋　prey
－－＋　競合bait（大過剰）

bait
b-prey

ウエスタンブロッティング
＊同一分子内ラベル転移も生じる

図●ラベル転移法による相互作用検出例

Case 61

3章-1　タンパク質　　　　　　　　　　　　タンパク質の定量

タンパク質の定量を行ったが，値が極端に低い/高い/ばらついた

対処方法

タンパク質測定法により，感度，精度，妨害物質が異なります．このため，測定方法とタンパク質の種類との組合わせにより，発色がばらついたり，界面活性剤などの共存物質が測定を妨害することがあります．試料タンパク質の特性にあった測定方法を選択して測定しなおしましょう．界面活性剤が試料中に含まれている場合は，影響を受けない方法を選択するか，界面活性剤を完全に除去する必要があります．

!! 対処方法のココがポイント

▶ 適切なタンパク質測定法の選択

　一般的なタンパク質の測定法には，**色素結合法（Bradford法，CBB法），ローリー法やBCA（ビシンコニン酸）法，ビウレット法，紫外吸収法**などがあります（表）．感度も高く，迅速に測定できる方法は色素結合法ですが，他のタンパク質に比べ牛血清アルブミン（BSA）に対する発色が高いなど，タンパク質間のばらつきが大きく，SDSなど界面活性剤（⇒1）の妨害を受けるという欠点があります．

　ローリー法やBCA法はどちらもペプチド結合に由来する反応で発色するため，タンパク質間のばらつきは少ないですが，還元性の試薬や界面活性剤など多数の妨害物質があります．同じくペプチド結合に由来するビウレット法はタンパク質間のばらつきも少なく妨害物質も少ないのですが，感度が悪いという欠点があります．紫外吸収法はトリプトファンやチロシンなど芳香族アミノ酸の280 nmの吸収を測定するものです．試料に物理的あるいは化学的変化を与えないという長所はありますが，やはりタンパク質間のばらつきが大きいという欠点があります．

　試料を可溶化させるなどの目的で，加えられた界面活性剤を除去するためには（⇒1），ゲル濾過，透析などを行う必要がありますが，界面活性剤を簡単に除去するキット（Compat-Able Protein preparation kit，Pierce社）が販売されています．

表●代表的なタンパク質の測定法

方法	測定原理	感度	精度	検出範囲（μg）	妨害物質	タンパク質間のばらつき
色素結合法	塩基性，芳香族アミノ酸と色素の結合	◎	△	2～10（0.3～0.5*）	界面活性剤	大きい
BCA法	ペプチド結合によるCu^{2+}の還元	○	○	20～100	還元性試薬，キレート剤	少ない
ローリー法	ペプチド結合によるCu^{2+}の還元	○	○	20～100	界面活性剤やキレート剤，有機溶媒など多数	少ない
ビウレット法	ペプチド結合によるCu^{2+}の還元	△	◎	1,000～5,000	（妨害物質は少ない）	ほとんどない
紫外吸収法	芳香族アミノ酸の吸収	△	△	30～2,000	紫外吸収のある物質，核酸	大きい

＊マイクロタイタープレートを用いた場合

1 界面活性剤 （Case 22 参照） 試薬の基本

　界面活性剤とは，それを加えることで著しく液体の表面張力を低下させる物質のことで，タンパク質を変性させ，可溶化させるための試薬として用いられています．界面活性剤は親水性と疎水性の基をもっており，親水性基の種類によりイオン性，非イオン性，両イオン性に分類されています．可溶化したタンパク質の濃度やその機能を調べるためには界面活性剤の存在が邪魔になる場合もあります．可溶化した溶液から界面活性剤を除去するためには界面活性剤のCMC（臨界ミセル濃度）が重要で，CMCが高い濃度の界面活性剤は希釈して除去できますが，CMCの低い界面活性剤では分子量の違いを利用して除去できます．

◆ 参考図書＆参考文献
- 『新・生物化学実験のてびき2 タンパク質の分離・分析法』（下西康嗣 他／編），化学同人，2001
- 『基礎生化学実験法　第3巻』（日本生化学会／編），東京化学同人，2001
- 『Antibodies : A Laboratory Manual』（Harlow, E. & Lane, D.），Cold Spring Harbor Laboratory Press, 1988
  ⇒界面活性剤の除去法が解説されている．

おさらい　タンパク質の定量は，試料タンパク質の特性に適当な方法を選択します．

Case 62　DNA を蒸留水中に保存してしまった

3章-2　核酸（DNA・RNA）　　　DNA の保存

対処方法

蒸留水中に保存した DNA は DNA 分解酵素（DNase）が混入して，容易に分解されてしまうおそれがあります．DNase の混入による分解から DNA を守るために**再度エタノール沈殿を行い，TE バッファーに保存**します．

!! 対処方法のココがポイント

▶ DNA を安定に保存する方法

　DNA は化学的には比較的安定な物質ですが，**DNase（⇒ 1）によって容易に分解されてしまいます**．DNase は熱に弱いことから，オートクレーブ滅菌することによって完全に分解されるので滅菌蒸留水中には含まれていません．しかし，DNase は，DNA が抽出される試料自体に含まれることはもちろん，人間の汗や唾などにも含まれるため，実験操作中にサンプル中に混入してしまうおそれがあります．そこで DNA を扱う際の定石として，DNA を安定に保存するには **TE バッファー**（⇒ 2）中に保存するようにします．

　TE バッファーは EDTA を含むトリス塩酸バッファーです．EDTA はキレート剤であり，Mg^{2+} と結合します（図）．DNase は活性に補因子として Mg^{2+} を必要とする酵素なので EDTA が存在すると，DNase と結合できる Mg^{2+} が減少し活性が抑えられます．また，**トリス塩酸バッファーは pH 中性付近での緩衝能が高く，DNA をより安定に保存することができます**．

　DNA を安定に扱うためには，操作中に DNase のコンタミネーションを起こさせないことも重要です．DNA 実験を行う際は，ラボグローブをはめ，操作中はしゃべらないなどの注意が必要です．

図 ● EDTA の構造式

EDTA はさまざまな金属イオン（Ag^+，Ca^{2+}，Cu^{2+}，Fe^{3+}，Zr^{4+}など）と錯体をつくることができます．左は EDTA の構造式，右は EDTA が金属イオンと錯体を形成している状態の構造を示したもの

1 DNase　基本用語

DNase（デオキシリボヌクレアーゼ：deoxyribonuclease）は DNA 鎖のヌクレオチド間のホスホジエステル結合を切断する酵素の総称です．DNase は DNA 鎖の末端から塩基を1つずつ分解していくエキソヌクレアーゼと，鎖の途中を切断していくエンドヌクレアーゼの2種類に大きく分類されます．特定の塩基配列を認識し作用するエンドヌクレアーゼは制限酵素として，さまざまな遺伝子解析に用いられます．

2 TE バッファー　試薬の基本

TE バッファーの組成は（10 mM Tris HCl/ pH 8.0，1 mM EDTA）で $T_{10}E_1$ と呼ばれることもあります．複数のメーカーから市販されており，簡単に入手することが可能です．ラボで作製する場合は，調製後にオートクレーブ滅菌を行ってから用いましょう．またコンスタントに消費するラボでは，高濃度の母液（10〜100倍）を調製し必要に応じて希釈して用いると便利ですが，希釈時に pH が変化してしまう場合があるので注意が必要です．

> **おさらい**　DNA は TE バッファーに溶かして保存します．

Case 63

3章-2 核酸（DNA・RNA）　　　DNAの凍結融解

DNA溶液の凍結融解を繰り返してしまった

対処方法

通常のPCR増幅にはほとんど問題はありません．次のステップに移り，状況を確認しましょう．しかし，高分子（10 kbp以上）のPCR増幅やサザンブロット・ハイブリダイゼーションなど高分子で使用する場合は，凍結融解によるDNAの切断が影響することがありますので，DNAが切断されていないか電気泳動で確認します．

!! 対処方法のココがポイント

▶ DNAの物理的性質と保存方法

　実験で用いるDNAには，高分子のゲノムDNA，プラスミドDNAやファージDNA，PCR産物，オリゴヌクレオチドなどがあります．DNAの保存は，小分けにして−20℃もしくは長期保存は−80℃で行います．しかし，**凍結融解を繰り返すとDNAが切断される可能性があります**（⇒ 1）．これは，ゲノムDNAなど高分子のDNAで顕著です．このため，ゲノムDNAは，オートクレーブ滅菌したTEバッファー中で2〜8℃にて無菌的（DNaseフリー）に保存します[1)2)]（Case 62参照）．クリーンベンチ内で分注し，使用する際もクリーンベンチ内で採取すれば長期保存が可能となります．また，小分けにしてエタノール沈殿した状態で保存することも可能です．

　一方，プラスミドDNAやファージDNA，PCR産物，オリゴヌクレオチドなどゲノムDNAに比べ低分子のDNAは小分けにして凍結保存し，いったん融解した後は，ゲノムDNA同様に滅菌TEバッファー中で2〜8℃にて無菌的に保存します．

---

1 DNAの切断と加水分解　　知ってお得

　DNA分子は物理化学的に安定です．しかし，DNAは幅2 nmで長さは例えば1 kbpならば約340 nmと細長い糸状の分子です．このため，凍結融解，特に融解時に糸の両端が異なる氷で引っ張られるような状態になり千切れやすくなります（図）．また，DNAはDNA分解酵素（DNase）により加水分解されます（Case 62参照）．

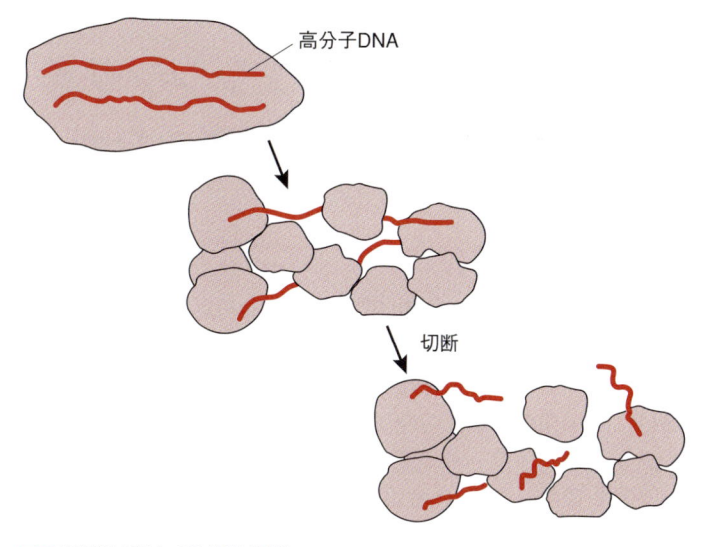

図●高分子DNAの物理的切断
1本の高分子DNAは融解過程で生じる分断された複数の氷塊に含まれる可能性があります．この過程で高分子DNAは物理的に切断され低分子化されます

◆参考図書＆参考文献

- 1)『Molecular Cloning：A Laboratory Manual 3rd ed.』(Sambrook, J. & Russell, D. W.), 13-32〜12-50, Cold Spring Harbor Laboratory Press, 2001
  ⇒1982年の第1版以来，遺伝子工学実験プロトコールのバイブルとして広く用いられています．プロトコールにとどまらず，手技の背景についての詳しい解説が特徴です．
- 2)『Basic Methods in Molecular Biology』(Davis, L. G. et al.), Section 5, Elsevier, 1986
  ⇒古い本ですが，基本的な実験手技について，原理，所要時間を含め平易な英語で書かれています．わかりやすい図解も役立ちます．

> **おさらい** DNAを凍結融解した際は，DNAの物理的切断が起こることを考慮します．しかし，短いPCR増幅の場合ならば問題ありません．

Case 64

3章-2 核酸（DNA・RNA） シークエンシング

PCR産物のシークエンシングを行ったが，配列を決定できなかった

対処方法

　シークエンス反応自体に問題があるのか，テンプレートに問題があるのかを知るためにポジティブコントロールをおいて実験を行います．ポジティブコントロールで正確なピーク（プロファイル）が得られない場合は，反応条件や試薬の期限などを再確認します．

　ポジティブコントロールで正確なピークが検出される場合は，テンプレートとして用いるPCR産物に非特異的な増幅が生じていないか確認します．もし，非特異的な増幅産物が生じている場合はPCR条件の最適化を行います．

　PCR産物およびシークエンス反応産物の精製を行っていなかった場合は，精製を行います．

!! 対処方法のココがポイント

▶ きれいな配列データを得るための要因

　シークエンシングの鋳型に用いるPCR産物中に目的以外の非特異的増幅産物が含まれている場合，複数の塩基配列のピークが同時に検出され，重なりあうため，NNNが続き配列の決定が困難になります（**図1**）．このような場合は，**PCR条件を最適化し非特異的な増幅産物が生じない条件で実験を行う**と，単一の塩基配列に由来するピークのみが得られ，塩基配列の決定が可能になることがあります．PCR条件の検討を行っても非特異的な増幅を抑えることが困難な場合は，アガロースゲルから目的のバンドのみを切り出し，含まれるDNAを回収後，再度シークエンシングを行うことも可能です．また，サブクローニングによってPCR産物を純化することも効果的な方法です．

　鋳型として用いる**PCR産物の精製を行う**ことは非常に重要です．PCR産物には，未反応のプライマーやdNTP，塩が残っています．これらの物質はシークエンス反応に影響を与えるので精製により除去する必要があります．

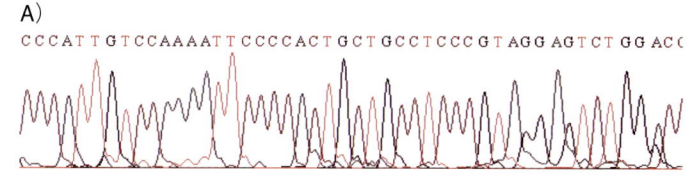

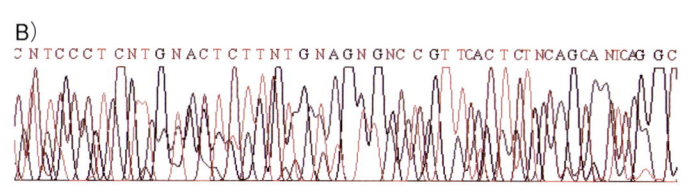

図1 ● ダイターミネーター法（⇒ 1）によるシークエンスの解析結果
A）特異的なPCR産物を用いたシークエンス解析結果．1塩基ごとに特異的なピークが検出され塩基配列の決定が可能．B）非特異的な増幅が生じているPCR産物のシークエンス解析結果．複数のピークが同時に検出されており，塩基配列の決定が困難

　シークエンス反応後の産物をそのままシークエンサーで解析すると，未反応の蛍光標識ddNTPに由来するピークが大きく検出され配列の決定ができないことがあります．シークエンス反応産物は精製し，未反応の蛍光色素を除去しましょう．蛍光色素の除去はゲル濾過により除去することが可能です．ゲル濾過の担体にはDNAの吸着が少ないSephadex G-50 DNA grade（GE healthcare社）が適しています．またキット化された製品も販売されています（例：Dye Ex Spin Kit, Qiagen社）．

　きれいなデータを得るためには**シークエンサー自体のメンテナンスも重要です**．ピークがブロードになる場合や分離能が悪い場合は，シークエンサーのポリマーやバッファー等の劣化などが原因の場合があります．取扱説明書に従って，装置のメンテナンスを行いましょう．

1 ダイターミネーター法　操作の基本

　ダイターミネーター法では，鋳型DNAと片側のプライマーを用いることによって鋳型と相補の鎖を合成します．このとき合成基質としてdNTPに加え塩基ごとに異なる蛍光色素で標識したddNTPが反応液中に加えてあります．ddNTPが取り込まれた鎖は伸長が止まるので，3′末端に蛍光標識がついた一本鎖が生成されます（図2）．このようにして生じた産物をキャピラリー電気泳動装置であるオートシークエンサーを用いて分離・検出することで塩基配列が決定されます．

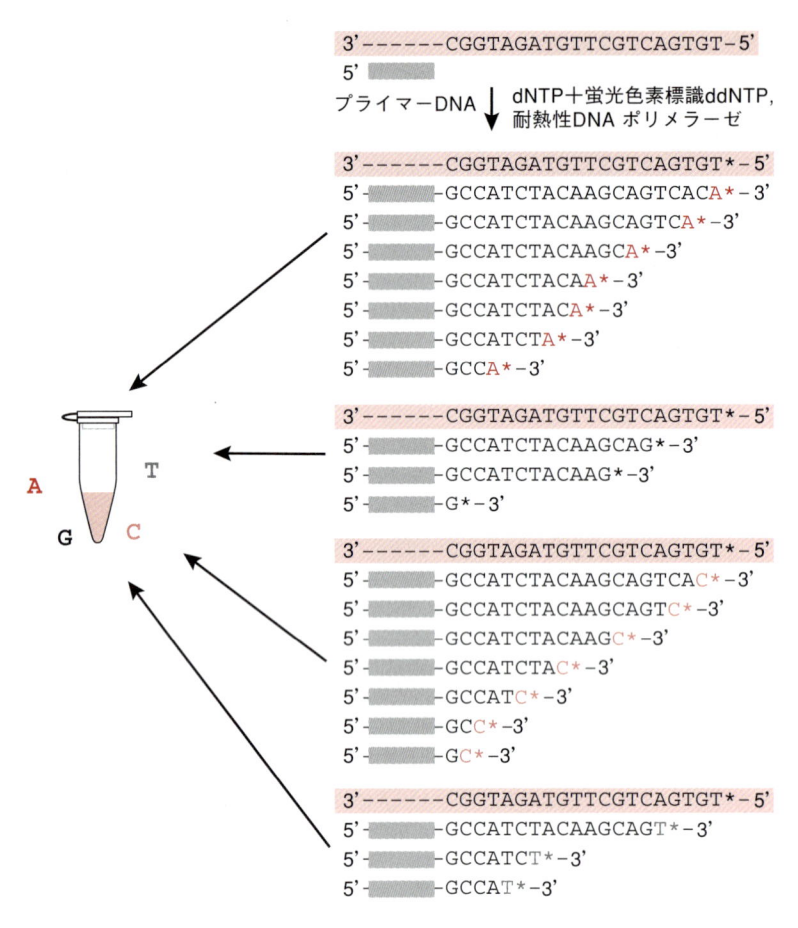

```
3'------CGGTAGATGTTCGTCAGTGT-5'
5'-▓▓▓▓▓
プライマーDNA  ↓ dNTP＋蛍光色素標識ddNTP,
               耐熱性DNAポリメラーゼ

3'------CGGTAGATGTTCGTCAGTGT*-5'
5'-▓▓▓▓▓-GCCATCTACAAGCAGTCACA*-3'
5'-▓▓▓▓▓-GCCATCTACAAGCAGTCA*-3'
5'-▓▓▓▓▓-GCCATCTACAAGCA*-3'
5'-▓▓▓▓▓-GCCATCTACAA*-3'
5'-▓▓▓▓▓-GCCATCTACA*-3'
5'-▓▓▓▓▓-GCCATCTA*-3'
5'-▓▓▓▓▓-GCCA*-3'

3'------CGGTAGATGTTCGTCAGTGT*-5'
5'-▓▓▓▓▓-GCCATCTACAAGCAG*-3'
5'-▓▓▓▓▓-GCCATCTACAAG*-3'
5'-▓▓▓▓▓-G*-3'

3'------CGGTAGATGTTCGTCAGTGT*-5'
5'-▓▓▓▓▓-GCCATCTACAAGCAGTCAC*-3'
5'-▓▓▓▓▓-GCCATCTACAAGCAGTC*-3'
5'-▓▓▓▓▓-GCCATCTACAAGC*-3'
5'-▓▓▓▓▓-GCCATCTAC*-3'
5'-▓▓▓▓▓-GCCATC*-3'
5'-▓▓▓▓▓-GCC*-3'
5'-▓▓▓▓▓-GC*-3'

3'------CGGTAGATGTTCGTCAGTGT*-5'
5'-▓▓▓▓▓-GCCATCTACAAGCAGT*-3'
5'-▓▓▓▓▓-GCCATCT*-3'
5'-▓▓▓▓▓-GCCAT*-3'
```

図2 ● ダイターミネーター法によるシークエンス反応産物

おさらい ポジティブコントロールをおいて実験を行うことで原因を推定します．シークエンシングには，非特異的増幅のないPCR産物を用い，さらに必要に応じPCR産物およびシークエンス反応産物の精製を行います．

Case 65　エタノール沈殿したが，沈殿が全く見えなかった

3章-2　核酸（DNA・RNA）　　エタノール沈殿

対処方法

目で見えないが沈殿していると想定して，操作を続行します．

!! 対処方法のココがポイント

▶ エタノール沈殿の基本

　エタノール沈殿では，DNAやRNAが微量な場合は沈殿が存在しても肉眼では見えません．簡易プラスミド抽出（アルカリ抽出）などでは，沈殿が多いとRNAが多量に混入していることがあります．

　特に沈殿が少ないと予想される場合は，沈殿時間を延ばし，遠心する際にチューブのつなぎ目（蝶番）を外側にして遠心分離（図1）すると，沈殿はつなぎ目（蝶番）の下方に現れるはずです（図2）．

　また，共沈キャリアーとしてはグリコーゲンをサンプルあたりの終濃度で50～1,000 μg/mL程度加えます．

図1 ● 遠心分離機操作時のチューブの配置

図2 ● 沈殿が見えない場合
沈殿は見えなくともつなぎ目（蝶番）の下方にあると仮定して操作します

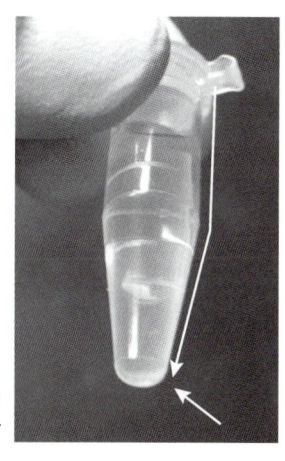

1 沈殿を促進させる方法　知ってお得

　エタノール沈殿の原理は，核酸が水に溶けやすくアルコールに溶けにくい性質を利用しています．この際，Na^+イオン，あるいはNH_3^+イオンを加えておくと塩析効果により沈殿が促進されます（図3）．

　エタノール沈殿に比べ，イソプロパノール沈殿は容量を減らして実施できます．通常サンプルの容量に対し，エタノールは2〜2.5倍量，イソプロパノールは0.6〜1倍量加えます．

　グリコーゲンは，多糖でDNAと同じような高分子です．このためキャリアー効果でDNAは共沈します（図4）．

　同様な沈殿促進剤には，下記のような市販商品もあります．
- Etachinmate（エタ沈メイト），日本ジーン
- Genとるくんエタ沈キャリア，タカラバイオ

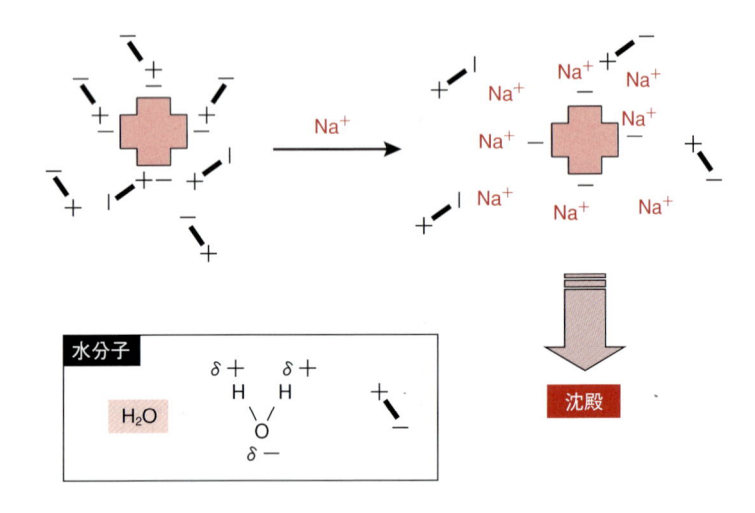

図3 ● 塩析効果
DNAはリン酸を含むため中性付近ではマイナスの電荷をもっています．大量の塩（Na^+イオン）が溶液中に入ることでDNAのマイナス電荷が中和され沈殿しやすくなります

DNA

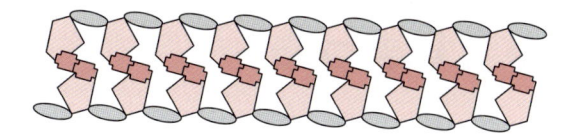

グリコーゲン

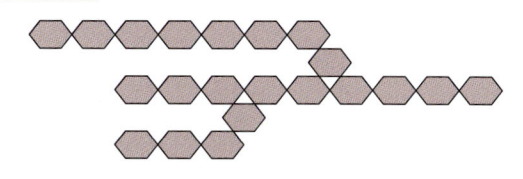

図4 ● DNAとグリコーゲンの構造
DNAもある面では糖の高分子ポリマーといえます．両者ともに糖の連なった鎖状の構造をしています

おさらい 沈殿が見えない場合でも沈殿があるものと考えて操作を続行しましょう．

Case 66

3章-2 核酸（DNA・RNA）

DNAの取り扱い

DNA検体をガラス器具で扱ってしまった

対処方法

ロスが生じている可能性があるため，検体のDNA濃度を再度測定しなおしましょう．再度実験を行う場合はプラスチック製の器具で扱うようにします．

!! 対処方法のココがポイント

▶ DNAの取り扱いに適した材質

　DNAはガラス（シリカ）に吸着しやすい性質（⇒ 1）をもっており，この性質はDNAの分離・精製にも用いられています[1]．ガラス器具で扱ってしまった検体は吸着によってDNA量がロスしている可能性があります．検体濃度を正確に把握する必要がある実験では，濃度を再度測定しなおしましょう．DNA検体を扱うときは吸着を避けるためプラスチック製の器具を用いるようにします．ガラス器具を用いる必要がある場合はシリコンコートや，テフロンコートされたものを選択することで器具への吸着を防ぐことができます．

> **1 DNAのガラス（シリカ）への吸着** 　知ってお得
>
> 　シリカへのDNA吸着は，グアニジウムイオンやヨウ素イオンなどのカオトロピックイオン存在下で特に強く起こる性質があります．この吸着は，①DNAとシリカ分子間の静電気力による結合，②シリカ表層とDNAの脱水による結合，③DNAとシリカ間での水素結合の形成，の3つの結合力が作用することで起こると考えられています[2]．カオトロピックイオンの存在下におけるシリカへのDNAの吸着は特異性が高いためDNAの精製に利用することができます（Case 25　1 参照）．

◆参考図書&参考文献
- 1) Vogelstein, B. & Gillespie, D.：Proc. Natl. Acad. Sci. USA, 76：615-619, 2005
- 2) Kathryan, A. et al.：J. Colloid Interface Sci., 181：635-644, 1996

おさらい
DNAはガラスに吸着する性質があるのでプラスチック製の製品で扱いましょう．

Case 67　RNAの溶解

3章-2　核酸（DNA・RNA）

RNAを滅菌していない蒸留水に溶かしてしまった

対処方法

蒸留水に溶解したRNAサンプルは，分解している可能性が高くなります．すぐにエタノール沈殿させ，再度滅菌した水に溶かせば使えるかもしれません．

!! 対処方法のココがポイント

▶ RNAの適切な溶解のさせ方

　細胞や組織から抽出されたRNAを用いてcDNAを調製し，RT-PCRやノーザンブロット・ハイブリダイゼーション，マイクロアレイなどを用いた遺伝子発現解析は広く行われています．ここではRNAの品質が重要になります．RNAは，RNA分解酵素（RNase）により容易に壊されるため，抽出したRNAは小分けにしてエタノール沈殿した状態で－80℃保存し，使用前にRNaseフリーの水に溶かして用いると安全です．これは，**エタノール中ではRNaseが作用しない**ためです．溶解する水（⇒ 1 ）は，純水や超純水を滅菌しDEPC処理した水（⇒ 2 ）を用いれば間違いありませんが，研究室の水の管理状態によってはDEPC未処理の水でも問題ない場合もあります．通常，滅菌する試薬ビンには，滅菌されているかどうかわかるように滅菌テープを貼っておきます．また，滅菌水は小分けにしてボトルの開放を最小限にします．

　また，RNA実験は実験台を分け，用いる他の試薬類もRNA用として別にしておいた方が安全です．

　RNA実験をルーチンで行わない施設では，滅菌したDEPC水を購入する方法もあります．各メーカーからDEPC水あるいはRNA実験用の水が市販されています．

1 実験に用いる水と使い分け　試薬の基本

①**水道水**：水道局が管理し上水場で浄化され，飲料規格基準値に基づいた品質管理を通り水道管によって家庭や事業所に供給される水．実験では，洗剤によるガラス製品の洗浄などに用います．

②**イオン交換水/脱イオン水**：水道水や蒸留水をイオン交換樹脂に通すことによってイオンが除去された水のことです．ガラス器具洗浄後のすすぎなどに用います．

③**蒸留水**：イオン交換水を沸騰・気化させた蒸気を冷却して得た水（比抵抗値1～3MΩ・cm程度）のことです．タンパク質定量，糖の分析など一般的な生化学実験およびバクテリアの培地などに用います．

④**純水**：Reverse osmosis（RO）膜処理，MilliQ装置処理，蒸留処理，イオン交換処理などの方法を用いてイオンを除去した，比抵抗値1～10MΩ・cm程度の水のことです．タンパク質，DNAの電気泳動と銀染色，酵素反応，HPLC分析など，厳密なバイオ実験で最もよく用いられる水です．遺伝子組換え実験やPCR反応などに用いる水は，純水をオートクレーブ滅菌してから用います．RNA実験に用いる場合には，RNaseフリーとするため使用前にDEPC処理（後述）を行います．

⑤**超純水**：品質管理されたイオン交換樹脂処理，活性炭処理，RO膜処理などを組合わせて処理された，比抵抗値17MΩ・cm以上の純水のことを特に超純水といいます．超純水は電解質，有機物をほとんど含まない水です．動物細胞の培養液，またオートクレーブ滅菌してRNA実験に用います．

2 DEPC処理滅菌水　操作の基本

使用する水（純水）に終濃度0.5～1.0％になるようにDEPC（Diethyl pyrocarbonate）を加えて充分撹拌した後，オートクレーブ滅菌します．DEPCはアデニンに影響したり，PCR反応の阻害をしたり，アクリル板を腐食させたり，トリスと反応し悪影響を及ぼしますが，オートクレーブ処理にて二酸化炭素とエタノールに分解し除けます．なお，DEPCは変異原性があるため，取り扱いには注意します．

ただし，DEPC水を用いるのはあくまで基本です．管理が行き届いている場合は，実験室の純水を滅菌しても問題ない場合もあります．

RNaseフリーの滅菌水は，9,000円/500mL程度で市販されています．

◆参考図書＆参考文献

- 『RNA Methodologies』（Farrell, R. E. Jr.），Academic Press, 1993
  ⇒古い本ですが，RNAの取り扱いの基本が図や写真により詳しく解説されています．
- 『Molecular Cloning：A Laboratory Manual 3rd ed.』（Sambrook, J. & Russell, D. W.），Cold Spring Harbor Laboratory Press, 2001

> **おさらい**　RNAはRNaseフリーの水に溶かします．また，滅菌の有無がわかるようにボトルには滅菌テープを貼ります．

Case 68

3章-2 核酸（DNA・RNA）

RNA の保存

滅菌水に溶解した RNA 溶液を冷蔵庫に保存してしまった

対処方法

溶解しているバッファーや水が RNase フリーならば問題ありませんが，電気泳動を用いて抽出当初の品質と変わりないか確かめてから，実験に用います．

!! 対処方法のココがポイント

▶ RNA の保存方法と品質確認のしかた

前項（Case 67）で述べたように，RNA は RNA 分解酵素（RNase）により分解します．RNA 分解酵素は，大変タフな酵素です．熱にも強く，タンパク質変性剤を加えても変性剤が取り除かれると再度活性を示します．このため，RNA の保存は，小分けにしてエタノール沈殿した状態での－80℃保存が適しています．使用するときは，遠心分離により RNA を沈殿させ，滅菌した DEPC 水に溶かします．また，滅菌した DEPC 水に溶解して小分けにして－20℃で凍結保存してもよいでしょう．

溶解している水に RNase の混入がなければ冷蔵庫に保存しても分解するとは限りません．しかし，RNase が混入しているか否かはチューブを見ただけではわかりません．このため，サンプルに余裕があれば，電気泳動により RNA の状態を確認してから実験を進めるとよいでしょう．電気泳動は，少量のサンプルで実施できるチップ型電気泳動装置が便利です（⇒**1**）．

1 マイクロキャピラリー電気泳動，チップ型電気泳動による RNA の品質確認　知ってお得

全 RNA を用いる実験では，使用する全 RNA の品質をモニターしながら実験を進めることが必要です．モニターの方法には，①全 RNA を電気泳動することで 28S，18S リボソーム RNA のプロファイルを調べる．②RT-PCR にて，毎回同じ配列を増幅させてモニターする．③ノーザンハイブリダイゼーションにて特定の配列を確認する，などがあります．③は煩雑であり実用的でありません．一番簡単

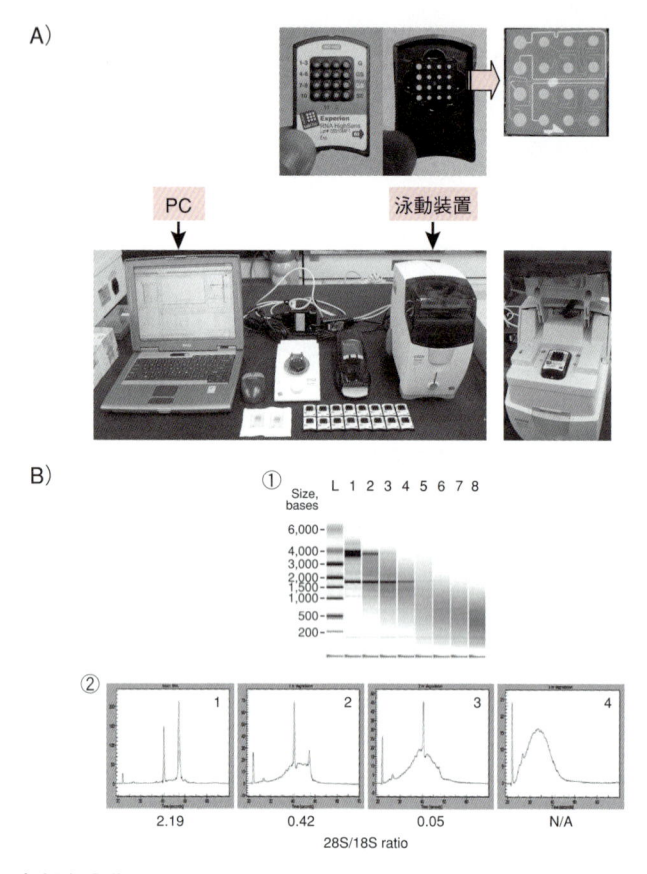

図 ● チップ型電気泳動による RNA の評価
A）チップ型電気泳動（Experion：Bio-Rad Laboratories），B）電気泳動プロファイルによる RNA の評価．①ラダー表示，②ピーク表示．電気泳動プロファイルから RNA の品質を評価できます．
Gingrich, J. et al.：Effect of RNA degradation on data quality on quantitative PCR and microarray experiments. Bio-Rad tech note 5452, 2004 より

にモニターする方法は①です．しかし，ゲル電気泳動ではサンプル量も多く必要であり，貴重なサンプルがもったいないです．

全 RNA が壊れているかどうか品質確認を行うには，少量のサンプル量で実験できるチップ型電気泳動が便利です（図）．

おさらい RNA はエタノール沈殿した状態で − 80 ℃にて保存します．RNA を冷蔵庫に保存してしまった場合は，できれば全 RNA の品質モニターをしましょう．

Column ⑨

遺伝子リテラシー教育

生命科学は，生物である私たち自身を科学的に学ぶ学問であり，特に身近な学問分野と思われます．遺伝子を中心に分子レベルで生物を眺める考え方は，現代の生命科学の基本であり，生物を分子レベルで調べる手法として遺伝子組換え技術や遺伝子解析技術などのバイオ技術が開発されてきました．生命科学の発展は，バイオ技術に支えられ，バイオ技術は生命科学により判明した現象を利用してきました．バイオ技術自身も方法論として成長し，医薬品原料の生産や遺伝子診断・治療ばかりでなく，有用な物質の生産，環境微生物の解析など基礎研究のみならず，医療や産業に貢献しています．

しかし，生命科学やバイオ技術は必ずしも専門家以外（非専門家）の人々に広く受け入れられているとは限りません．特に生命科学を支える遺伝子組換え技術については危険性が強調され，誤った情報が伝わる場合もみられます．そこで，生命科学の発展を促し人類に貢献させるために，学校教育からさまざまな市民教育などに科学リテラシーとしての遺伝子教育を取り入れることで，生命科学やバイオ技術に対する多くの人々の理解〔パブリックアンダースタンディング：public understanding（PU）〕を促す必要があります．

生物学を初めて学ぶとき，動物や植物の生態を自分の目で観察し，匂いを嗅ぎ，顕微鏡で細胞を観察することから入ります．生命科学研究では，DNAやタンパク質など，目に見えない分子であっても実験により実態を把握します．そこで，教育においても組換えDNA分子を用いた形質転換など簡単な遺伝子組換え実験や自分の細胞からゲノムDNAを取り出す体験を通じ，細胞にある遺伝子が生命の情報であることを実感してこそ，生命を分子レベルで観察したことになります．この場合，実験は「目に見えない分子を目で見えるようにする手段」であり，対照実験と比較考察することで真実に近づきます．実験を通じた教育は，生命科学の基本的な考え方を学ぶとともに，生命科学実験にかかわるモラルやルールなど倫理面も学ぶことになります．

リテラシーとは本来「読み書き」スキルという意味です．パーソナルコンピュータ活用による情報リテラシーが，スキルのリテラシー（インターネットを使える→得られた情報を実生活に利用するなど）であることに対し，遺伝子教育でいうリテラシーは，生命科学に対する見方・考え方のリテラシー（実験スキルを実生活に利用できない→実験・体験を通じ科学を見る眼を養う）になります．実験を取り入れたリテラシーとしての遺伝子教育を，遺伝子リテラシー教育[*1]といいます．

米国では，1980年代から生命科学の発展と並行して遺伝子教育が進展してきました．このなかでは，生命科学のリテラシーばかりでなく，高校生が大学レベルの内容を学ぶAdvanced placement（AP）プログラムに代表されるような生命科学の先取り教育も積極的に実施されてきました（図）．新しい技術を前向きに位置づけ，小中高校や博物館などが大学や企業と連携して実施している教育を推進するとともに，リテラシーとしての遺伝子教育に有効な教材キットも開発され，広く利用されています．

遺伝子リテラシー教育を実施する場合，通常実験研究を行っていない教育現場では，実験試薬や器具を個別に買い揃え，実験条件を設定することは，価格や手間の問題があります．このため教育用教材キットの普及が必要になります．米国では，遺伝子教育用キット[*2]が広く普及していますが，2002年以降，

3章　材料の調製—DNA，RNA，タンパク質

[*1] 遺伝子教育とともにバイオテクノロジー教育，DNA教育などと同じような意味で使われることがあります．

図●米国の高校教科書

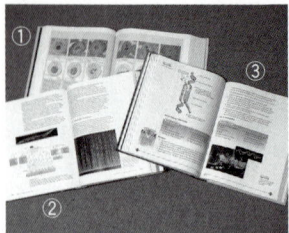

例として3種類の教科書を示します．いずれも図を多用し（A），かなりのボリューム（B）があります．なかでもCampbellの『Biology』は，専門性の高い内容が含まれておりAPプログラムなどの教科書として利用されています．①〜③は下記の教科書です．
① 『Biology 4th edition』（Campbell, N. A.），The Benjamin/Cummings Publishing Company, 1996．② 『BSCS Biology：A Molecular Approach 8th edition』（Greenberg, J.），Everyday Learning Corporation, 2001．③ 『Biology：A Community Context』（Leonard, W. H. & Penick, J. E.），South-Western Educational Publishing, 1998

日本でも米国のキットの輸入や国内企業での教材キット開発販売が盛んになり，教育現場でも利用できるようになりました．

日本では，'02年の組換えDNA実験ガイドライン改定に伴い「教育目的遺伝子組換え実験」という項目ができました．安全性が充分に確認され認知されている実習教材を用いて中学・高校などの教育機関で組換えDNA実験を含む授業・教育を行えるというものです．'04年2月19日より組換えDNA実験規則は法令化されましたが，法令のもとでも「教育目的遺伝子組換え実験」は，教室で実施できます．

* 2 "Biotechnology Explorer Kits & Curriculum"（米国Bio-Rad laboratories社製品：http://explorer.bio-rad.com）

日本の遺伝子リテラシー教育の現状
○初等・中等教育における動機づけ教育・大学レベルの先取り教育

書物の上ばかりでなく，実習を通じ物に触れ興味を促す教育が，'01年以降高校生物学・総合学習などに取り込まれてきました．また'02年より文部科学省の科学教育拠点高等学校としてスーパーサイエンスハイスクール（Super science high-school：SSH）制度が実施され，初年度は26校が認定されました．ここでは，授業の流れのなかで発展的な内容（授業の延長線上の内容）や実験も多く盛り込み，討論などを通じ自分の意見を育む教育が行われつつあります．このなかでは，教育目的遺伝子組換え実験や自分のゲノムDNAを解析する実験を通じて学ぶリテラシーとしての遺伝子教育が取り入れられています．また，文部科学省のサイエンスパートナーシッププログラム（Science partnership program：SPP）など高校と大学が連携して実験を含む教育を行う事例の数も増しています．

○生命科学を専門としない多くの人々への教育

科学館や博物館での体験学習に遺伝子教育が取り込まれてきています．また，生物学を専門としない大学の学科でも生命科学科目を設置するところもあります．

このように，日本においても実験を含むリテラシーとしての遺伝子教育が始まったところです．今後，生命科学研究の地固めともいえる実験を含む遺伝子リテラシー教育はますます盛んになると考えられます．

◆参考図書＆参考文献
- 『生物教育と市民の理解－変革する社会への対応を目指して－』（原田　宏／編），国際高等研究所，2003
- Oto, M. et al.：Gene literacy education in Japan. Plant Biotechnol., 23：339-346, 2006
- 大藤道衛：リテラシーとしての遺伝子教育①遺伝子教育と米国における動向．バイオテクニシャン，13：27-33, 2005

（大藤道衛）

4章

実験環境

Case 69〜74	1. 試薬管理	186
Case 75〜79	2. 実験室管理	198
Case 80〜85	3. データ管理	213

Case 69

4章-1　試薬管理　　　　　　　　　　　　有機溶媒の取り扱い

分液ロートを振っていたら，中身が噴出した

対処方法

抽出に用いる有機溶媒は，引火性があります．周辺に火気がないことを確認しましょう．溶媒が皮膚についた場合は，大量の流水で洗います．こぼれた溶媒は，揮発する前にすぐに拭きとります．廃液は有機廃液として処理します．

!! 対処方法のココがポイント

▶ 有機溶媒の性質，毒性，廃棄のしかた

　実験室では，抽出などに有機溶媒を使う機会も多いものです．**有機溶媒は水に不溶，難溶なものが多く，また人体や環境に有害なものが多い**ので，その取り扱いには充分気をつける必要があります．自分が使う有機溶媒の性質や毒性についても理解しておきましょう．

　有機溶媒は引火性が高いものが多く，引火性物質として消防法で取り扱いが規制されています．引火点の低いものほど引火しやすく危険です．特に引火しやすい特殊引火物には，エーテルやアセトアルデヒドがあります．特殊引火物ほどではないが，引火性の高いものには，石油エーテル，ヘキサン，ベンゼン，トルエン，アルコール類，アセトン，アセトニトリルなどがあります．これらを扱うときは，近くに火気がないことを必ず確認してください．フラスコに残った少量のエーテルが事故につながった例もあります．保管にも充分な注意が必要です．**火気のない冷暗所で，専用の薬品庫に保管しましょう．**

　有機溶媒は毒性の高いものが多いことから，毒物及び劇物取締法（毒劇法）による劇物（Case 70参照）指定のもの，あるいは労働安全衛生法（労衛法）に基づく特定有害物質に指定されているものも多くあります．揮発性も高く，粘膜刺激作用や麻酔作用を有し，また長期にわたる使用による慢性症状の原因にもなるため，労衛法に基づく有機溶剤中毒予防規則も施行されています．用いる有機溶媒の毒性をMSDS（Case 73参照）で調べておきましょう．**有機溶媒を扱うときは，ドラフト**

内で行うことが望ましいです．また，大量に扱うときは，マスクや手袋をしましょう．たとえ少量でも，有機溶媒の入った容器をフタもしないで放置せず，速やかに処理します（Case 04 参照）．

有機溶媒の廃液は，流しに捨ててはいけません．実験施設のルールに従って分類し専用の容器に廃棄します．廃液容器の設置場所は火気のない，換気のよい冷暗所を選びましょう．有機溶媒は，可燃性廃液として，焼却処理します．

無駄な実験をしない，大量に用いる有機溶媒は再利用をするなどして有機溶媒の使用量や廃液の量をなるべく少なくするよう心がけましょう．

1 分液ロート　器具の基本

溶液試料中の目的物を，溶媒を用いて溶かし出す操作を抽出といいます．分液ロートは，溶媒抽出をするときに用いるガラス器具で，上部に栓が，下部にコックがついています．一定量の溶媒と目的物を含む溶液を分液ロートで振り混ぜた後，2 液を分離します．

抽出をするためには，分液ロートを激しく振る必要があります．試料溶液に有機溶媒を加えたときに，ガスが発生し，噴き出すことがよくあります．そこで，振り始めるときは，まずゆるやかに揺り動かし，ガスの発生がないかを確認します．ロートを倒立させ，コックを開いて何回かガスを抜きます．この操作を繰り返した後，激しくロートを振り混ぜます．ガス抜きが不充分だと，有機溶媒が噴出しますので慎重に行いましょう．

分液ロートを振るときは，上部の栓を手のひらでよく押さえ，またコックはすぐ回せるように手を添えて準備しておきます．上部の栓の空気抜きの穴が閉じていないと中の溶液が噴出してきます．夢中で振っていると，コックがゆるんで溶液が漏れてくることもあります．

分液ロートの容量は試料と抽出溶媒の合計の 1.5 倍以上にし，人に向けて分液ロートを振らないようにします．噴出した溶媒が引火したり，爆発することもありますので，火気がないことを必ず確認しましょう．

◆参考図書＆参考文献
- 『実験を安全に行うために』（化学同人編集部／編），化学同人，2006
- 『続 実験を安全に行うために』（化学同人編集部／編），化学同人，2006

おさらい　有機溶媒は揮発性も高く，有毒です．取り扱いは慎重にしましょう．

Case 70 4章-1 試薬管理　劇物の取り扱い

ビンを倒して，塩酸を大量にこぼしてしまった

対処方法

水で希釈しながら，石灰や重炭酸ナトリウムで速やかに中和します．中和をした後もよく拭きましょう．塩酸が皮膚についた場合は，大量の水で15分間洗い流します．アルカリでの中和は避けましょう．中和熱でさらに被害が増大するおそれがあります．

!! 対処方法のココがポイント

▶ 酸，アルカリの取り扱い方

　実験室でよく使われる酸としては塩酸，硫酸，硝酸など，アルカリ試薬としては水酸化ナトリウム，水酸化カリウム，アンモニア水などがあげられます．アンモニア水以外は**毒物及び劇物取締法により劇物**（⇒ 🔖**1**，**2**）に指定されていますので，**取り扱いには特に注意が必要です．**

　濃塩酸やアンモニアなどは，有毒な気体を発生するので，分注するときは，ドラフト内で行うとよいでしょう．塩酸，硫酸，硝酸などの強酸は，腐食性があるので化学やけどの原因となります．一方，水酸化ナトリウムなどの強アルカリも腐食性が強く，特にタンパク質に対する作用が大きいので，皮膚や衣類につくと組織に浸透していきます．また，目に入ると失明するおそれもあるので，強酸や強アルカリを扱うときは，必要に応じて防護メガネや手袋をした方がよいでしょう．硫酸は比重が高く重いので，ビンをもつときは底をもちます．

　実験台で，濃酸や濃アルカリを扱うときはバットなどの容器の中で行うとよいでしょう．酸をこぼしたときは，水で希釈しながら，石灰や重炭酸ナトリウムで中和します．アルカリをこぼしたときは，水で希釈し，薄い酢酸で中和をしてからよく拭きます．

　酸やアルカリの廃液は個別に回収し，ほかに有害物を含まないときは中和，希釈した後，廃棄，または流水中に流します．**中和をするときは，酸やアルカリを混合してもガスの発生などの危険がないことを確認してから行います．**発熱に気をつけて，pHが約7になるまで酸またはアルカリ廃液を一方に加えていきます．溶液の濃度が5％以下になるように水で希釈した後，流します．

表●取り扱いに注意を要する化学物質

性質	物質の例	関連する法令
爆発性	（自己反応性物質）有機過酸化物，ニトロ化合物 （火薬類）火薬，爆薬，火工品 （可燃性ガス）水素，アセチレン	消防法 火薬類取締法 高圧ガス取締り法
引火性	エーテル，アセトアルデヒド	消防法
可燃性	赤リン，金属粉（Fe, Mg, Al）	消防法
発火性	塩素酸塩類，金属	消防法
禁水性	ナトリウムカーバイド，リン化石灰	消防法
酸化性	過塩素酸，過酸化水素，濃硝酸	消防法
有毒性	（毒性ガス）ホスゲン，シアン化水素など （毒物）シアン化ナトリウム，水銀など （劇物）硝酸，アニリンなど	高圧ガス取締り法 毒物及び劇物取締法 毒物及び劇物取締法
腐食性	無水酢酸，フッ化水素酸などの強酸や 水酸化ナトリウム水溶液などのアルカリ	毒物及び劇物取締法
その他有害性	重クロム酸塩，メチル水銀，トルエン	毒物及び劇物取締法
放射性	RI，X線	放射線障害防止法

4章 実験環境

1 危険な化学物質　試薬の基本

　試薬には，火災，爆発あるいは中毒のおそれのある危険な化学物質がたくさんあります．その主なものの貯蔵や取り扱いは法令で規制されています（表，Case 78 参照）．

2 毒物および劇物　試薬の基本

　毒物および劇物とは，毒物及び劇物取締法（毒劇法）で定義されたもので，毒性，劇性をもつ医薬品，医薬部外品以外のものをいいます．毒性，劇性とは比較的少量で，普通の健康状態の生体の機能に障害を与える性質をいいます．毒性と劇性は程度の差です．毒物および劇物に指定された化学物質は，製造，輸入，販売，取り扱いなどが厳しく規制されています．また，毒物および劇物を販売する場合には，化学物質等安全データシート（MSDS）の添付が義務づけられています（Case 73 参照）．毒劇法では，塩酸，硝酸，硫酸およびこれらを含有する製剤は劇物に指定されますが，含有量が10％以下のものは除外されます．また，水酸化ナトリウムおよび水酸化ナトリウムを含有する製剤も劇物に指定されますが，含有量が5％以下のものは除外されます．

◆参考図書＆参考文献

- 『実験を安全に行うために』（化学同人編集部／編），化学同人，2006

おさらい　強酸や強アルカリの処理は，まず中和をすることです．毒性が高いので保管や取り扱いには充分注意をしましょう．

Case 71

4章-1 試薬管理

RI実験①

反対側の実験台の人のRIで被曝してしまった？

対処方法

サーベイメーターで実験室全体をモニターしながら実験します．万が一，異常が確認された場合は，管理責任者に速やかに相談します．RI室では，自分の身を守ることばかりでなく，実験室内の他の人の被曝を防ぐことも重要です．

!! 対処方法のココがポイント

▶ RI実験で被曝を防ぐ方法

　RIを用いた実験は，危険ではないかと不安になる人がいるかもしれません．けれども，RIの安全な扱い方をきちんと守れば，怖いことはありません．RI実験では，まず放射線による被曝を最小限にすることが，危険を減らす最も重要なことです．RIの被曝はリン（^{32}P），トリチウム（^{3}H），ヨウ素（^{125}I）などの外部放射線による被曝（体外被曝）と体内摂取した放射線による被曝（体内被曝）があります．

　体外被曝を最小限にする3原則は，「作業時間を短くする」「線源に近づきすぎない」「遮蔽する」です．作業時間を短くするためには，綿密に実験計画を立て，実験操作をなるべく簡単にしましょう．RIから一定の距離をとって実験を行い，アクリル板などをおいて遮蔽をします．遮蔽をするとき，自分自身だけではなく，他人も同様に遮断することを忘れないようにしましょう．壁に向かって実験を行うときは自分の前にアクリル板をおけばいいのですが，実験台で行うときは，実験台の反対側に人がいるかもしれません．反対側にいる人が被曝しないよう注意しましょう（図1）．ただし，トリチウムなど低エネルギーのβ線では遮蔽をしなくても構いません（⇒ 1）．

　体内被曝を最小限にするためには，RI実験専用の防護衣を必ず着用し，袖はまくらずに露出している部分がなるべく少なくなるようにします．また，手袋，マスクをし，口や皮膚から被曝するのを防ぎます．

　「自分の身は自分で守ること」が鉄則です．自分自身を頻繁にサーベイメーターで

チェックし，RI 使用後はよく手を洗いましょう．

RI の扱いは個人ばかりでなく人類の安全にも影響をもたらしますので，実験を軽率に行ってはいけません．実験を行う前に自分の使う RI についてもきちんと勉強しておきましょう（⇒ 🖝2）．

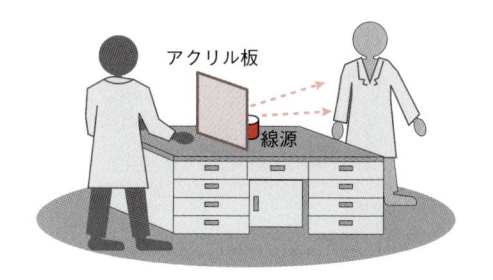

図1 ● 実験台の反対側にいる人に注意
アクリル板だけではアクリル板の横や後ろの人の被曝を防ぐことはできません

🖝1 RI　基本用語

RI とは Radioisotope の略で，放射性同位元素のことをいいます．放射線を出す性質を放射能といいますが，放射性同位体とは放射能をもつ原子核です．放射線には磁界の中を透過するときの変化から α 線，β 線，γ 線の3種類があります．

放射線の透過作用は，α 線が最も弱く，紙1枚程度で遮蔽できますが，γ 線では，コンクリートであれば 50 cm，鉛であっても 10 cm の厚みが必要です．β 線の透過作用は小さいので，ガラス，プラスチック，アルミ，鉛などで遮蔽できます．強い β 線を出す ^{32}P などを使用するときにはアクリル板，強い γ 線を出す ^{125}I などを使用するときには鉛ブロックなど，核種に応じて適切に遮蔽する必要があります．

荷電粒子が物質中を進むとき，エネルギーを失い停止するまでの距離を飛程といいます．α 線は，エネルギーは大きいですが飛程が短いため，体外被曝の影響は少ないのですが，体内被曝での影響は莫大なため充分に注意しなければなりません．α 線には，^{241}Au，^{210}Po などがあります．

🖝2 放射線障害防止法　基本ルール

「放射性同位元素等による放射線障害の防止に関する法律」の略称です．放射線の取り扱いのガイドラインを示した法律で，原子力基本法に基づいています．放射線や放射性同位元素，放射線発生装置の使用や放射性同位元素によって汚染されたものの廃棄などを規制することによって，放射線障害を防止し，公共の安全を確保することを目的に制定されました．

図2 ● 放射能標識
放射線の影響を受ける場所には標識をつけることが規定されています

おさらい　RI 実験では適切な遮蔽をし，作業時間を短くするよう努めます．また専用の防護衣を着用し，被曝を最小限にしましょう．

Case 72

4章-1 試薬管理

RI実験②

RI実験中にホットをこぼしてしまった

対処方法

ペーパータオルで拭きとり，汚染された部分のポリ濾紙を交換します．器具類は中性洗剤を用いて洗浄します．使用した紙類や洗浄液はRI廃棄物とし，除染後は，サーベイメーターで汚染されていないことを確認しましょう．

!! 対処方法のココがポイント

▶ 適切な除染，廃棄のしかた

RI実験の際，「ピペットの先からホット（⇒ 1）が1滴こぼれてしまった」ということはよくあります．この場合，決して，こぼしたままにしてはいけません．^{32}P，^{35}S，^{125}I，^{3}Hなどよく使われる核種は，人体に容易に取り込まれ，透過力の強いものが多いので必ず除染しましょう．

一般的な除染方法をあげておきます．ホットを落とした部分はペーパータオルなどで拭きとります．拭きとった紙はRI廃棄物とします．次に汚染された領域を，サーベイメーター（⇒ 2）で，スメアテストをしてよく確認します．実験台の場合は，汚染された部分のポリ濾紙（ビニール濾紙）を切り取り，その上から新しいポリ濾紙をかぶせます．切り取ったポリ濾紙はRI廃棄物として処理します．

ガラス器具，プラスチック容器，手袋などは充分に中性洗剤を用いて水で洗浄します．**洗浄した器具は，RI廃棄物とはしません．**RIは充分洗浄することで，除去することができます．一方，**洗浄液はRI廃液として処理します．**界面活性剤の入ったRI除染剤も販売されていますので，用意しておくとよいでしょう．

実験終了後も，サーベイメーターを用いて実験した作業台やすべての器具の表面のスメアテストを行います．たとえ，少量でも汚染が確認された場合は拭きとりましょう．実験終了後は，次の人に迷惑のかからないよう何も残さないことが大切です．

ただし，大規模な汚染の場合は事故とみなし，近くで実験している人や責任者に速やかに報告し，決められた方法に従い除染します．この場合の除染作業は一人で

行ってはいけません．

　ホットを扱うときは，万が一こぼすことも考え，除染しやすいよう実験台の上には常にポリ濾紙をしき，バットの中で実験しましょう．日頃から，注意しておくことが重要です．

　RI実験も慣れてくると，実験の管理もおざなりになりがちです．時々，**RIの利用規定を見直しておきましょう**．

1 ホットとコールド　基本用語

　ホットは，放射活性をもっていることを意味します．それに対して，放射活性をもっていないことをコールドといいます．RIを用いる実験をホットラン，あらかじめRIを用いずに行う実験をコールドランといいます．ホットランの前には，必ずコールドランを行って実験のノウハウを身に付けておくとともに，トラブルが起こったときの対処法を想定しておきましょう．

2 放射線の検出，測定　知ってお得

　放射線には，Case 71にあげた透過作用以外にも，フィルムなどを感光させる写真作用，ある物質にあたるとその物質に特有の波長の光を出す蛍光作用，物質の中を通り抜けるとき，電荷粒子をつくり出す電離作用があります．これらの作用を利用して放射線の検出や測定をすることができます．

　シンチレーションカウンターは，蛍光作用を利用しています．原子や分子は，放射線によって励起状態を生じ，その励起が解消されるに伴い蛍光が発せられます．蛍光を発する物質を用いてγ線はガンマーカウンターで，β線は液体シンチレーションカウンターで検出，測定します．

　GM（Geiger-Muller）カウンターは，電離作用を利用しています．気体の電離を起こすのに充分なエネルギーの放射線を計数管に入れると，電離電流が発生します．この電流の量から放射線を測定することができます．

　オートラジオグラフィーは，写真作用を利用しています．RI標識した分子を用いて固体試料中の物質の局在を測定し，その強さを記録する方法です．フィルムオートラジオグラフィーでは，β線やγ線がフィルムを感光させる結果，画像を得ることができます．

◆ 参考図書＆参考文献
- 『アット・ザ・ベンチ』（Kathy Barker／著，中村敏一／訳），メディカル・サイエンス・インターナショナル，2000

おさらい　ホットをこぼしたら速やかに除染します．除染後はサーベイメーターでスメアテストを行います．

Case 73

4章-1 試薬管理

検出試薬の取り扱い

ニンヒドリン反応をしようとしたら，指紋まで染まってしまった

対処方法

すぐに大量の水と石鹸を用いてよく手を洗います．手にニンヒドリン溶液が触れると，手の表面にあるタンパク質，手垢や汗とも反応し，皮膚を青紫色に染色します．さらに色が抜けるまで時間がかかります．また，皮膚などに触れると炎症を起こすおそれもありますので注意が必要です．実験のときには手袋をし，自分自身ばかりではなく，他人にもニンヒドリン溶液がかからないようにしましょう．

!! 対処方法のココがポイント

▶ タンパク質検出試薬の取り扱いと化学物質の安全性情報

　ニンヒドリンは，アミノ酸やタンパク質の検出試薬としてよく知られています．アミノ酸とニンヒドリン2分子が縮合してルーエマン紫（Ruhemann's purple）という青紫色の色素とアミノ酸が還元されてできるアルデヒドが生成する反応をニンヒドリン反応（図）といい，この青紫色を利用してアミノ酸を検出します．指紋の検出にも使われています．

　ニンヒドリンばかりでなくCBB（クマシーブリリアントブルー）などタンパク質を検出する試薬は，手など皮膚も染まり，洗っても落ちにくいことから，皮膚に試薬が付着すると，その状態が長時間続くことになります．**実験では，試薬の安全で正確な取り扱いについて考慮する必要があります．**試薬には，化学物質等安全データシート（MSDS）が提供されています．また，国立医薬品食品衛生研究所から国際化学物質安全性カード（ICSCカード）というのも公開されています．どちらもインターネットで公開されていますから，実験開始前に自分の用いる試薬について調べてみるとよいでしょう（⇒ 1，2）．

　また，SDS-PAGEやウエスタンブロッティングなど，タンパク質試料を解析するときは，手袋をしましょう．手の表面のタンパク質が影響を及ぼしますので，ゲルやメンブレンを素手で触らないようにしましょう．銀染色のような感度の高い方法でタンパク質を染色するときは，特に気をつけます．手袋は自分を守るためばか

図●ニンヒドリン反応

りではなく，**実験の試料も守る意味があるのです**．ただし手袋をしたからといって安心しないこと．手袋をした手でドアのノブや机などに触ると，手袋が汚れて意味がなくなってしまいます．

1 MSDS（Material Safety Data Sheet）：化学物質等安全データシートまたは製品安全データシート　試薬の基本

MSDSとは，危険有害性のある化学物質や製品を事業者が他の事業者に譲渡提供する際に，人体に及ぼす影響などの危険有害性情報を提供するためのもので，JIS規格化されています．MSDSの情報は，以下のところからも調べることができます．

- 日本化学工業協会（http://www.nikkakyo.org/）
- 日本試薬協会（http://www.j-shiyaku.or.jp/home/index.html）
- 中央労働災害防止協会安全衛生情報センター
  （http://www.jaish.gr.jp/user/anzen/kag/ankg00.htm）
- 日本化学物質安全・情報センター（http://www.jetoc.or.jp/）

2 ICSC（International Chemical Safety Cards）：国際化学物質安全性カード　知ってお得

危険有害性情報の簡潔なデータシートで，化学物質の危険有害性や適切な取り扱い方法をわかりやすく伝え，理解不足や誤使用による被害を防止する目的で，国立医薬品食品衛生研究所より提供されています．2007年8月現在，1,587の物質が公開されていますが，随時，増加更新されています．

- 国立医薬品食品衛生研究所（http://www.nihs.go.jp/ICSC）

おさらい　タンパク質の検出試薬などを取り扱う際には手袋を着用し，日頃から試薬の安全性にも気を配りましょう．

Case 73 ●検出試薬の取り扱い

Case 74

4章-1　試薬管理　　　　　　　　　　　　　　　生物由来物質の輸送

生物試料をドライアイスとともに海外に輸送しようとしたが送れなかった

対処方法

国際連合や国際航空運送協会の危険物規則書に従い，適切な包装やラベルやマーキングの表示，必要な通関書類・申請書を添付します．検体によっては受け入れ国の輸入許可書が必要な場合もあります．

!! 対処方法のココがポイント

▶ 試料を海外へ輸送する際の注意点

　航空貨物輸送には冷凍輸送サービスがありませんので，凍結した試料を送るには「荷送り人」がドライアイスを貨物に充填しなくてはなりません．**航空貨物輸送は国際航空運送協会（IATA：International Airway Transport Association）の規則に準拠する必要があり，ドライアイスはこのIATAの定める危険貨物に関する規則（DGR：Dangerous Goods Regulation）により危険品（UN1845）に分類されます．** DGRに指定された梱包形態・外装表示に従わない危険品貨物は受け取りを拒否されます．入国税関で不備が発見された場合，輸送会社を介して荷受人や荷送り人に貨物の内容確認が行われますが，この間に試料が融解することもあります．

　生物由来物質に関する危険品分類はClass 6.2（⇒ 1）です．感染性物質（カテゴリーAやB）の包装は国連による包装基準を参考にしてください．ここでは非感染性の試料（普通品）をドライアイスとともに発送する場合の包装に関して簡単に説明します．ドライアイスを普通品の保冷を目的にパックする場合，次の条件を満たしていれば危険品申告書は不要になります．**必要な条件はUN1845の表示（マーキング），IATA危険物ラベル（Class 9 ラベル，図），そして規定の包装（P904）です．**

　血清や培養上清など液体を含む試料の輸送は三重包装が原則になります．**三重包装とは第一防漏容器（マイクロチューブや試験管），吸収剤，第二防漏容器（キャニスターやプラスチックバッグ），第三容器（頑強な

図● Class 9 ラベル

外装容器）の順番で構成される包装を意味します．日本から米国への輸送であれば集荷後48時間程度で荷受けも可能です．少量の試料でも10 kg以上のドライアイスが必要になりますので充分な大きさ（40〜50 cm立方）で肉厚な発泡スチロール箱と頑強な外装（ダンボールや木箱）を準備します．気化した二酸化炭素を容器の外に逃がす必要があるため第二容器（密閉）の外側，つまり第三容器の内側にドライアイスはパックします．

1 Class 6.2（表） 知っておき得

【カテゴリーA】 ヒトまたは動物に恒久的な障害や致命的な疾病を引き起こす病原体を含む感染性物質（例：エボラウイルス，HIV，B型肝炎ウイルス，高病原性鳥インフルエンザウイルス）
【カテゴリーB】 カテゴリーAに該当しない病原体を含む感染性物質
【非該当】 病原体を含まない（または含む可能性が論理的にきわめて低い）潜在的危険が最小レベルの物質（例：病原体を含まない物質，病原体が中和または不活性化され健康へのリスクを喪失した状態の物質）

カテゴリーAやカテゴリーBの感染性物質の輸送に関しては包装基準（Packing Instruction）に準拠した容器や規格で行います．輸入許可証や危険物申告書（カテゴリーA）も必要になります．Class 6.2の包装基準に準拠した輸出用国連認定危険物容器も市販されています．

表●感染性物質の分類と輸送の際の表記

感染性	感染性の分類	国連番号	正式輸送品目（2007 IATA 6.2 DGR）	包装基準
感染性	Category A	UN2814	Infectious Substances, affecting humans	P620
		UN2900	Infectious Substances, affecting animals only	P620
	Category B	UN3373	Biological Substances, Category B	P650
非感染性	非該当	—	Exempt（例：Exempt human/animal specimen）	—

◆ 参考図書 & 参考文献
- 『感染性物質の輸送規則に関するガイダンス』〔世界保健機構（WHO）日本語版，国立感染症研究所／翻訳・監修〕
- 『ドライアイス発送のご案内』，フェデラルエクスプレスコーポレーション
- 『発送の手引：医療用見本，生物由来物質カテゴリーBおよび土や水などのテストサンプル』，フェデラルエクスプレスコーポレーション

おさらい 病原体や危険品の輸送はガイドラインに従って行いましょう．

Case 75　4章-2　実験室管理　　　　　　　　　　　　　　　　　実験廃棄物

ゴミ箱に注射針が入っていて，けがをした

対処方法

傷口は，消毒をして応急処置をします．念のため感染物に使った注射針でないことを確認しておきます．注射針は危険物あるいは医療廃棄物として，決められた方法で処理しましょう．

!! 対処方法のココがポイント

▶ 実験廃棄物の正しい捨て方

　実験室の廃棄物は，有害なものと無害なものに分類されます（図1）．一般的には，無害なゴミのうちティッシュペーパーや試薬の紙容器などの可燃物は可燃ゴミ，ポリ容器などの不燃物は不燃ゴミ，欠けたビーカーなど割れたガラスは危険物，機械の壊れた部品などは金属ゴミとして処理します．

　針やパスツールピペット，チップなどをゴミ箱にそのまま捨ててはいけません．廃棄用の袋を突き破り，実験室の人が危険物や感染物に暴露したり，けがをする可能性があります．メスの刃やカバーグラスなども含め鋭利なものとして専用のゴミ箱に捨てましょう．

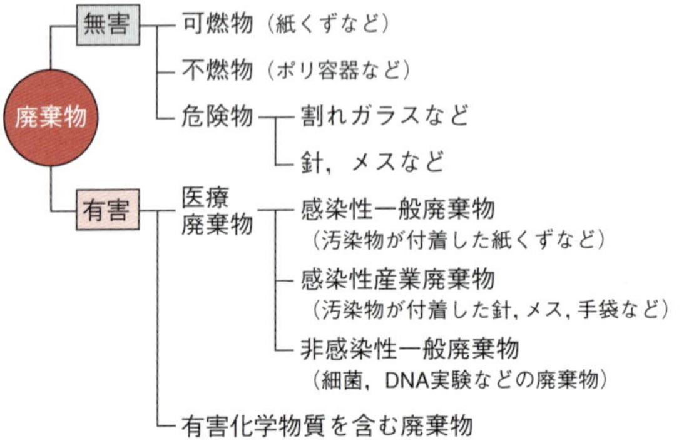

　有害であると判断されたもののうち血液のついたもの，菌がついている可能性のあるものは，医療廃棄物あるいはバイオハザード（⇒ 📞1）ゴミとして処理します．医療廃棄物は感染性廃棄物とほぼ同じ意味で使われています．血液や汚染物が付着した紙くず，繊維などは感染性一般廃棄物

廃棄物
- 無害
  - 可燃物（紙くずなど）
  - 不燃物（ポリ容器など）
- 危険物
  - 割れガラスなど
  - 針，メスなど
- 有害
  - 医療廃棄物
    - 感染性一般廃棄物（汚染物が付着した紙くずなど）
    - 感染性産業廃棄物（汚染物が付着した針，メス，手袋など）
    - 非感染性一般廃棄物（細菌，DNA実験などの廃棄物）
  - 有害化学物質を含む廃棄物

図1 ● 廃棄物の分類

として，血液や体液などが付着した注射針やメスあるいはシャーレ，手袋などは感染性産業廃棄物として，専用の容器に捨て，外部委託処理されます．施設によっては，注射針や注射筒はすべて感染性産業廃棄物とみなされます．**細菌や細胞，DNAやRNAにかかわった廃棄物はオートクレーブ滅菌をした後，非感染性一般廃棄物として処理します．**

不明な廃棄物の場合は，勝手に判断せず，施設の担当部署に相談しましょう．危険な薬品に関してはCase 70を参照．

🔑1 バイオハザード 〔基本用語〕

細菌，ウイルスなどの微生物，核酸，タンパク質などの微生物構成成分，または微生物の産物などを取り扱う場合に発生する災害をバイオハザード（Biohazard：生物災害）といいます．

図2● バイオハザードのシンボルマーク
このマークの掲示は感染性物質がおいてあることを示します

🔑2 バイオセイフティー 〔基本用語〕

生物学的な研究において，またその周辺の環境において安全な状態を維持することをバイオセイフティー（Biosafety：生物学的研究における安全性）といいます．

病原体など微生物を取り扱う場合，人および動物に対する危険度を基準にしたバイオセイフティーレベルが定められています．WHOの「バイオセキュリティガイダンス」に基づき，各国では基準が定められていますが，日本では国立感染症研究所の「病原体等安全管理規程」により，病原体の危険性により4段階のリスクグループに分類されています．この基準に基づき，日本細菌学会から，「バイオセイフティー指針」が出され，レベル1～4までの病原体を取り扱う指針が示されています．

組換えDNA実験に関しては，「バイオセイフティーに関するカルタヘナ議定書」に基づき制定された「遺伝子組換え生物等の使用等の規制による生物の多様性の確保に関する法律」が出されています．

◆ 参考ウェブサイト
- 国立感染症研究所「病原体等安全管理規程」
  http://www.nih.go.jp/niid/Biosafety/kanrikitei3/kanrikitei3.pdf
- 日本細菌学会「バイオセイフティー指針」 http://wwwsoc.nii.ac.jp/jsb/biosafty.htm

> **おさらい** 実験廃棄物は，規定を守って処理しましょう．針などの危険物をゴミ箱に捨ててはいけません．

Case 76

4章-2 実験室管理　　　　　　　　試料の保存

停電でフリーザーの試料が溶解してしまった

対処方法

多くの物質は，凍結融解に不安定なものです．そのため，通常溶解した試料はあきらめざるをえません．しかし，試料の性質や実験の目的により活性が落ちても使える可能性があるときは，あきらめずに検討してみます．大事な試料は，分注して異なるフリーザーに分けて保管しておきましょう．

!! 対処方法のココがポイント

▶ 試料に応じた保存方法

　実験室にはさまざまな試料や試薬類がありますが，保存の方法を誤ると使えなくなります．特に長期間保存する場合は，**その試料の性質や活性が保たれるよう適切な条件にすることが重要です**．保存の条件で一番重要なのが，保存温度です．試料の性質により，室温（10〜30℃），冷蔵（2〜8℃），冷凍（－20℃または－80℃），液体窒素中（－196℃）で保存します．抗体やバクテリア，クローン化DNAなどは－80℃のディープフリーザーで，血清や精製タンパク質などは－20℃のフリーザーで保存するのが一般的です（⇒ 1 ）．

　凍結融解の繰り返しを避け，またコンタミを防ぐためにもフリーザーで保存する際には，**なるべく少量のチューブで分注しておくこと**が鉄則です．特に分注が必要なのは，抗体や血清，酵素，抗生物質，細菌，細胞などです．分子量マーカーなども多くの人が共通で使うので分注しておきましょう．貴重な試料や試薬は，万が一の停電や故障に備えて，電源の異なるフリーザーに分けて保存します．細胞や細菌は種類により保存条件が異なりますので，必ず調べてから保存しましょう．チューブへの内容物や管理番号などの記入も忘れずに行ってください（Case 82 参照）．

表●フリーザーの種類と用途

種類	温度	用途
家庭用冷蔵庫	−20℃	低温保存の調製試薬，酵素類など短期保存
メディカルフリーザー	−20〜−30℃	酵素，血清，精製タンパク質など
ディープフリーザー	−80℃	抗体，バクテリア，クローン化DNAなど
超低温フリーザー	−100℃以下	培養細胞，組織の長期保存

1 フリーザー　機器の基本

どの実験室にも1台は必ずあるフリーザー．そのなかには，大事な試料や試薬が保管されています．停電や故障が起こると，実験に支障をきたします．フリーザーの保守や点検も定期的に行いましょう．

フリーザーにもいろいろな種類があります（表）．形も横型（チェスト型）のもの，縦型（アップライト型）のものがあります．横型のものは冷気漏れがしにくく，収納のキャパシティも大きいのですが，収納物の出し入れがしにくいという欠点があります．縦型は収納物の出し入れはしやすいのですが，横型に比べやや高価で，扉の開閉時に冷気が逃げやすいという欠点があります．

個人の割り当てを含め試料や試薬の保管場所をきちんと決めておき，長時間，扉を開けっ放しにしないようにしましょう．フリーザーには不要な試料や試薬がたまりがちです．フリーザーに不要なものをためこむと，貴重な収納スペースが減るほか，冷気の循環が悪くなり不経済です．庫内を定期的に整理し，不要な試料や試薬は処分しましょう．

フリーザーを長くよい状態で使用するためにも，フリーザーの電源のスイッチ，ヒューズ，コンプレッサーの状態などを時々点検し，また定期的にフィルターの掃除や霜とりを行いましょう．最後に帰宅する人はフリーザーの扉がきちんと閉まっているかも確認してください．フリーザーのメーカー，製品名，購入年月日，納入業者などをすぐわかるようにしておき，何かトラブルがあったときはすぐにメーカーや業者と連絡がとれるようにしておきましょう．フリーザーの管理者を決めておくといいでしょう．なお，フリーザーのトラブルに関して，以下のサイトが便利です．

・日本フリーザー　トラブルQ＆A（http://www.nihon-freezer.co.jp/）

◆参考図書＆参考文献
- 『バイオ実験超基本Q＆A』（大藤道衛／著），羊土社，2000
- 『イラストでみる超基本バイオ実験ノート』（田村隆明／著），羊土社，2005

おさらい 大事な試料や試薬は，分注して，異なるフリーザーに分けて保管しておきましょう．

Case 77

4章-2 実験室管理

実験と火災

ガスバーナーの火で天井のセンサーが作動してしまった

対処方法

ガスバーナーを消し元栓を閉じ（学生の場合は直ちに指導教官に連絡），警報を解除するとともに誤報であることをいち早く関係部署に知らせます．また，防火責任者に事故の経緯の報告を口頭ならびに書類にて行います．特に夜間など，人が少ないときは迅速に対応します．

!! 対処方法のココがポイント

▶ 実験室での火災に対する備え

　実験室の管理には，労働安全衛生法，消防法などさまざまな法令（⇒ 1）がかかわってきます．また，各実験室は防火責任者が管理しています．特に火を用いる実験では，充分な注意が必要です．万が一の火災に備え，非常時の連絡網を確認しておきましょう．また，施設の防災訓練には必ず参加し，消火器（⇒ 2）の使い方を練習しておきましょう．夜間などできる限り施設に1人で実験しないようにします．

　よく学生実験のはじめに安全に関する講義がありますが，実感せず充分に理解していないことがあります．大きな事故の前には，小さな「ヒヤッ」が多数あるといいます．このような「ヒヤッ」の際に，安全講義のテキストや資料を読み返しておきましょう．

1 実験にかかわる法令　基本ルール

　実験初心者はついつい見逃しがちですが，実験には多くの法令が関与しています．労働安全衛生法，消防法，毒物及び劇物取締法，麻薬及び向精神薬取締法（動物実験の麻酔等），カルタヘナ法[*1]，放射線障害防止法[*2]．そして，それらの法令を遵守するための施設ごとのマニュアルが存在し，法令によっては教育訓練が行われます．例えば，消防法に基づく防火訓練，カルタヘナ法に基づく遺伝子

[*1] 正式名：遺伝子組換え生物等の使用等の規制による生物の多様性の確保に関する法律
[*2] 正式名：放射性同位元素等による放射線障害の防止に関する法律

図1 ●防火センサー

図2 ●炭酸ガス消火器
実験室に常備されている消火器

組換え実験に関する教育訓練，放射線障害防止法に基づくRI研修，毒物および劇物の管理マニュアルや帳簿などです．

2 実験室で使われる消火器　器具の基本

消火器には多くの種類がありますが，実験室では下記の2種類がよく使われます．
【炭酸ガス消火器】（図2）
　炭酸ガスの冷却作用と窒息作用で消火します．小規模な有機溶媒の火災，通電中の電気機器の火災に有効です．射程距離は1～2メートルと短く，放出時の音が大きいので驚かないようにします．
【粉末（ABC）消火器】
　リン酸アンモニウムが主成分の万能消火器ですが，消火後の粉末で火災現場周辺の後処理が面倒となります．

　消火器には，対応できる火災により色分けした丸印が記載されています．
　白（A）：普通火災，黄（B）：油火災，青（C）：電気火災

> **おさらい**　火を用いる実験では，大事に備え消火器の使用法を覚えておきましょう．

4章 実験環境

Case 77 ●実験と火災

Case 78

4章-2 実験室管理　　試薬の危険有害性と安全管理

使い残しの試薬を水に流したら流しの色が変わってしまった

対処方法

飛散した試薬，こぼれた試薬，使い残した試薬を放置するのは危険です．試薬を秤量した後は，実験者自身が速やかに実験台や床の清掃を行い，実験の後は使い残しの試薬を適切に廃棄します．

!! 対処方法のココがポイント

▶ 試薬の危険有害性を知る方法

　実験室で使用される試薬には，引火性・可燃性・酸化性・腐食性など災害の原因となる物質や，毒物や感染性物質など人体に対して有害な物質もあります．実験者は使用中の化合物に関する情報を把握していても周囲の人間は危険有害性に気づきません．こぼれていた試薬に気づかず触れて皮膚にやけどや炎症を受ける事例は実際にあります．また試薬によっては水や他の試薬と混ざることで火災など重篤な災害につながることもあります．**実験台や床に飛散した試薬は速やかに拭きとり，また実験後は残った試薬を適切に廃棄・処理することが重要です．**

　各試薬を購入した際に入手できる化学物質等安全データシートMSDS（Material Safety Data Sheet）は化学物質の危険有害性分類（**表1**）や関連法規に関する情報を示しています（⇒ **1**，Case 73 参照）．実験前には取扱説明書だけではなくMSDSにも目を通します．

　安全ゴーグルやグローブは実験室では着用が義務づけられていますが，使用する試薬に毒性が高く揮発性の化合物が含まれている場合や反応中に揮発性ガスが発生する場合にはドラフトチャンバー（Fume Hood）での操作が必要です．ドラフトは内圧が低くなっていて，有害な揮発性ガスは外部から吸引した空気とともに吸収剤などを通過させて排出されます．揮発性酸・アルカリを薬液で洗浄処理する湿式と有機性ガスを活性炭で吸収させる乾式があります．また危険有害性が低いとされる物質でもドラフト内で取り扱うこともあります．**ガラスアンプルに入っている試薬には分解性の試薬も多くアンプル内部の圧力が高まっている場合があります．** 開封した途端，試薬が噴き出すこともあるので開封する場合はアンプル全体を冷却してドラフト内で開封します．

表1●危険有害性分類

	化学物質の危険有害性分類による貯蔵・取り扱い方法（概要）
爆発性	衝撃や摩擦を与えない．火気を禁じる．必要以上に多量の貯蔵・取り扱いを禁じる．
引火性	常温で容易に引火する．近くで火気の使用を禁じる．消火用設備を準備し，貯蔵中は密閉して防爆型貯蔵庫に保管する．廃液を排水溝に棄てることを禁じる．
可燃性	30℃以下では引火しない．近くで火気の使用を禁じる．消火用設備を準備して，貯蔵中は密閉し防爆型貯蔵庫に保管する．廃液を排水溝に棄てることを禁じる．
発火性	空気に触れないよう密閉保存して他の危険薬品と隔離貯蔵する．水と接触することを避けなければならない薬品もある．取り扱いには器具を用いて皮膚への接触を避ける．
禁水性	湿気や水との接触を避ける．皮膚への接触を避ける．
酸化性	還元性物質や有機物質との接触または混合を避ける．酸化性塩類は強酸と接触を避ける．
有毒性	ガスまたは蒸気の吸引・皮膚への接触を避ける．ドラフト内で扱う．
腐食性	保護メガネを装着する．皮膚への接触を避ける．金属を腐食して可燃性の水素を発生することもある．水に接触すると発熱する．酸化性塩類と接触すると酸化性の強い酸を遊離して爆発の危険を生じる．
その他有害性	吸入や皮膚に接触することを避ける．口中に入らないようにする．
放射性	必要以上に多量の貯蔵・取り扱いを禁じる．粉末の吸入や皮膚への接触を避ける．

1 化学品の分類および表示に関する世界調和システム：GHS

知ってお得

　GHS（Globally Harmonized System of Classification and Labelling of Chemicals，表2）は世界的に統一されたルールに従って，化学品を危険有害性の種類と程度により分類し，その情報が一目でわかるよう，ラベルで表示したり，安全データシートを提供したりするシステムのことです．

　化学物質または混合物を危険有害性の種類（物理化学的危険性16項目，健康に対する有害性10項目，環境に対する有害性1項目）とその強さを表す区分のいずれに分類するかを判定するための基準が調和され，絵表示や注意喚起語などを含むラベル表示や安全データシート（MSDS）による危険有害性に関する情報伝達（hazard communication）に関する事項が調和されています．物質の危険有害性の強さに応じて，注意喚起語，危険有害性情報や注意書きも統一されています．

表2 ● GHS（絵表示）

絵表示	分類
（炎）	引火性/可燃性ガス 引火性エアゾール 引火性液体 可燃性固体 自己反応性物質 自然発火性液体/固体 自己発熱性物質 水反応可燃性/禁水性物質
（円上の炎）	酸化性ガス類 酸化性液体/固体 有機過酸化物
（爆発）	火薬類 自己反応性物質 有機過酸化物
（腐食）	金属腐食性物質 皮膚腐食性/刺激性物質 眼損傷/刺激性物質
（ガスボンベ）	高圧ガス
（どくろ）	急性毒性物質
（！）	急性毒性物質 皮膚腐食性/刺激性物質 眼損傷/刺激性物質 皮膚感作性物質
（環境）	水性環境有害性物質
（人体）	呼吸器感作性物質 生殖細胞変異原性物質 発がん性物質 生殖毒性物質 標的臓器/全身毒性物質 吸引毒性物質

　日本では2006年12月より労働安全衛生法に基づき，このGHSを取り入れたMSDSラベルの作製が事業者に求められています（海外ではGHSは'08年までに実施することが目標として合意）．

◆参考図書＆参考文献
- 『改訂第3版 試薬ガイドブック』，化学工業日報社，2004

おさらい　実験前にデータシートやMSDSに目を通して，実験後は速やかに実験環境の清掃を行います．

Case 79

4章-2 実験室管理　　　　　　　　　　　　　　　機器の管理

実験機器が故障してしまった

対処方法

まずトラブルシューティングを確認します．さらに，その機器をよく知っている人や機器管理者にみてもらい，業者の修理が必要かどうか判断します．必要ならば，すぐに業者に連絡します．故障した機器には，貼り紙などをつけ，他の人に状況がわかるようにします．

!! 対処方法のココがポイント

▶ 実験機器の適切な使用とメンテナンス

　実験室にたくさんある機器類は，いつもきちんと使える状態にしておかなければなりません．何かトラブルがあったら，それはその当事者や機器の管理者の責任ではありません．その機器を使用している利用者全員の責任です．機器を長持ちさせるには，利用者各自が正しい使い方をすることが大切です．**機器の利用規則に基づいて利用するのはもちろんのこと，自分が使用する機器について勉強をしておきましょう．**その機器を初めて使う人，不慣れな人は必ず熟練者の指導に従います．利用者全員がほんの少し気をつけて使えば機器を長持ちさせることができます．例えば，機器のフタは静かに閉める，電源をいきなり切らないなどです．機器がおいてある部屋の掃除も怠らないようにしましょう．ほこりは機器の大敵です（**表1**）．

　研究室には，機器のメンテナンスなどを行う管理者がいることでしょう．管理者は，機器の担当業者と日頃からコミュニケーションをとり，何かあったときにすぐ対応してもらえるようにしておきましょう．また，その機器に必要な試薬や備品の管理も忘れずに行ってください．試薬の品質，使用期限などをチェックし，早めの注文を心がけましょう．発注書は残しておくと，次回の注文に役立ちます．利用者は，試薬や備品がなくなりそうなとき，あるいはなくなったときは，必ず管理者に連絡して補充します．そうしないと，次に使用する人が迷惑します．

　機器類は精密なものですから，取り扱いは慎重に行いましょう．共同で多くの人が利用するものであるということを忘れずに使用することが大切です（表2）．

表1 ● 実験機器を使用する際に気をつけておきたい点

項目	注意点
操作	乱暴な操作をしない フタを静かに閉める 電源をいきなり切らない 不明な点は熟知者に聞き，独断で操作をしない
設置場所	極端に暑い場所や寒い場所を避ける 湿気のある場所を避ける 床の強度に注意する（特に大型の機器）
管理	常に状態をチェックする 長期間使用しない器具は時々動かす 機器のおいてある部屋の掃除を怠らない ほこりに注意する（コンセント付近やフィルターなど） 長時間連続に運転することは避ける マニュアルを熟読する 薬品や試料をこぼしたら必ず拭きとる
電源	配線に気をつける（タコ足，アース，長すぎるコードなど） 漏水に気をつける 停電の対策をとっておく 断線に気をつける （コンセントを抜くときは必ずプラグをもって引き抜く）

表2 ● 実験室管理にかかわる法令

法令	参照URL
「労働安全衛生法」	http://law.e-gov.go.jp/htmldata/S47/S47HO057.html
「化学物質の審査及び製造等の規制に関する法律」	http://law.e-gov.go.jp/htmldata/S48/S48HO117.html
「廃棄物の処理及び清掃に関する法律」	http://law.e-gov.go.jp/htmldata/S45/S45HO137.html
「水質汚濁防止法」	http://law.e-gov.go.jp/htmldata/S45/S45HO138.html
「大気汚染防止法」	http://law.e-gov.go.jp/htmldata/S43/S43HO097.html

◆ **参考図書＆参考文献**
- 『実験を安全に行うために』（化学同人編集部／編），化学同人，2006

おさらい 機器が故障したら直ちにその機器をよく知っている人や機器の管理者と相談して対策をとりましょう．

Column ⑩

RI実験の心構え

生化学や分子生物学の研究では，^{3}H，^{14}C，^{32}P，^{33}P，^{35}S，^{125}IなどのRI（放射性同位元素）がタンパク質や核酸の標識によく用いられます．放射性物質の使用は複数の法令により規制を受けており，大学や民間研究所では労働安全衛生法の下にある「電離放射線障害防止規則（電離則）」，国立研究機関では人事院規則10-5の遵守が求められます（表1）．さらにRIについては，放射線障害防止法に基づいて，使用施設の構造，購入するRIの種類や数量の管理，実験者の管理区域への立ち入りなどについて細かな規則が定められており，放射線取扱主任者が施設の安全管理を統括しています．

実験者は放射線業務従事者として登録され，教育訓練や健康診断が義務化され，RI購入も主任者の許可を得て，施設全体の1日最大使用量を超えない範囲で実験を計画する必要があります．所属機関のルールを熟知して，不安な点は管理担当者に相談しましょう．特に購入したRIの在庫管理は重要で，実験ごとに使用量を記帳（または入力）し，たとえ帳簿上といえども紛失はあってはならないことと考えてください．^{3}H，^{14}Cは半減期が長いので，古い試薬を何年も保存している例がありますが，標識化合物自体の寿命は必ずしも長くありませんので，貴重なものでない限り，年度末には整理する方が無難と思われます．最近は，煩わしさの多いRI実験を避けて，検出感度が向上している蛍光物質を利用したnon-RI実験が盛んになっていますが，価格や感度においてRIの長所はまだまだ多いといえます．

初めての実験を行う前に，RIを含まない試薬を用いたコールドランを実施すれば，実験手順に慣れて不必要な被曝を避けることができます．外部被曝（体外被曝）の防護三原則は「時間」「距離」「遮蔽」で，^{32}Pならばアクリル板，^{125}Iならば鉛入りアクリル板のついたてなどを利用する習慣をつけましょう．また^{125}Iはガスを吸入すると甲状腺に蓄積されるので，このような内部被曝を避けるため，必ずドラフトチャンバー内で実験を行いましょう．RI実験で着用する手袋にRIが付着してしまった場合に，実験台や機器，そしてRIの入っている容器の外側が汚染されることがしばしばあります．ガイガーカウンターで調べて，RIが付着した手袋は直ちに

表1 ● 放射線・放射性物質の規制

電離放射線障害防止規則または人事院規則（10-5）		
放射線障害防止法	原子炉等規制法	
放射性同位元素（非密封）	核燃料物質（ウラン化合物，トリウム化合物，プルトニウム化合物）	X線装置
放射性同位元素（密封）		ガンマ線照射装置
放射性同位元素装備機器	核原料物質（ウラン鉱石，トリウム鉱石）	
放射線発生装置		電子顕微鏡（人事院規則のみ）

左と中央の列では，厚生労働省（または人事院）および文部科学省がそれぞれ所管する2種類の法令が適用され，右の列では，前者のみの適用を受けます．同じ規制対象でも，法令により，規制内容が微妙に異なっています

表2● 被曝の種類と放射線量

被曝の種類	線量（ミリシーベルト）
自然放射線（日本）	年間　　1.5
胸部レントゲン撮影	0.05
胃バリウム検査	3.5
X線CT検査	40
航空機乗員（国際線）	年間（最大）3
原子力発電所労働者（平均）	年間　　1
胎児の奇形誘発	100
白血病誘発	200
放射線宿酔（悪心，吐き気，嘔吐）	1,000
東海村臨界事故（犠牲者）	17,000
法令上の職業被曝限度	年平均20（最大50）
個人被曝線量計の測定限界値	（1カ月）0.1

交換するべきです．標識されたタンパク質や核酸の電気泳動後のバッファーにはRIが流れ出していることに気づかない人も多いようです．床にバッファーをこぼして，さらにスリッパで部屋中を汚染させることがありますので，濡れた床は必ず拭き取りましょう．

　2005年に法令が改正され，核種によっては規制レベルが緩和されたものもあり，^{3}Hの規制対象下限値は 3.7 MBq から 1,000 MBq という大幅緩和となりました．つまり1ギガベクレル未満の^{3}Hなら持ち歩いても法律違反ではないという意味ですが，研究施設で購入した RI についてはたとえ微量でも管理区域外に無断では持ち出せないことに変わりはありません．ただし，今回の改正法により，手続きを踏めば管理区域外に一定量以下のRIを持ち出せることになりました．例えば，標識した微量のタンパク質を管理区域外の質量分析機にかけたい場合や，管理区域外の細胞培養室でRIの取り込み実験を行いたい場合に，この手続きを利用することができます．まだ多くの研究機関では運用されていないのが実情ですが，管理担当者と交渉する余地はあるでしょう．

　表2に示したように，私たちは自然界の放射線を浴びていますし，健康診断だけでも相当の被曝になります．日本の医療被曝量は諸外国よりも多く，発がんの増加につながる可能性も指摘されています．大量の被曝による障害の多くは確定的影響と考えられ，一定の閾値を超えた場合に限られますが，発がんは放射線の確率的影響と考えられ，閾値がないので，非常に微量の放射線でもわずかながら影響を与えるという考え方が主流です．しかし，微量の放射線を浴びている放射線技師や医師には長寿の傾向があるという疫学的調査結果から，微量の放射線には人間の自然治癒力を刺激するという「放射線のホルミシス効果」を主張する学者もいます．RI実験中にはフィルムバッジなどの個人被曝線量計を着用しますが，毎月の測定結果が検出限界（0.1 mSv）以下であるならば，必要以上に被曝を恐れる必要はないと思われます．

〔丹生谷 博〕

Column ⑪

遺伝子組換え実験を行う心構え

遺伝子組換え生物の取り扱いに関する新しい法律（2004年2月施行）の正式名称は「遺伝子組換え生物等の使用等の規制による生物の多様性の確保に関する法律」と長いため、国際的に採択された「カルタヘナ議定書」との関係から、一般的には「カルタヘナ法」という呼称が用いられています．正式名称の「遺伝子組換え生物等」には、分類学上の「科」が異なる細胞融合による雑種生物も含まれ、「使用等」には「保管」や「運搬」も含まれます．関係法令には法律以外に政令、省令、告示などがあり、従来の「組換えDNA実験指針」（文部科学省）の内容は「研究二種省令」にみることができます．従来の指針と大きく異なる点として、培養細胞のように、個体になりえないものは法令適用の対象外となることや、非生物であるウイルスが法律上は生物として取り扱われることなどがあげられます．

遺伝子組換え生物とは、ある生物種（宿主）に別の生物種（核酸供与体）由来の核酸（供与核酸）が移入されて作製（法令上は「作成」）されるもので、異種核酸がゲノムに挿入されたウイルス、異種DNAを含むプラスミドで形質転換された微生物、遺伝子組換え植物、トランスジェニック動物などが該当します．自分自身で遺伝子組換え生物を作製しない場合でも、それらの生物を入手した時点で「使用等」に該当しますので、遺伝子組換え実験として事前に所属機関の承認を得ておく必要があります．ただし、材料となる核酸は規制の対象ではありませんので、PCR法によるDNA増幅やDNA断片とベクターのライゲーション反応などの実験、また既存のプラスミドDNAを入手することは問題がありません．

法令には、遺伝子組換え生物を作製したり入手する場合には、「拡散防止措置を執る」と書かれてあります．これは、遺伝子組換え生物が環境中に拡散しないように設計され、必要な設備を有する実験室内で取り扱うことが前提となります．研究二種省令では、実験の種類（第二条）や生物種の安全性に基づく実験分類（第三条）に従って、14種類（表1）の拡散防止措置の区分（第四条および省令別表第二～五）が定められています．これらの区分のいずれを執るかについては、宿主の種類や核酸供与体との組合わせ、供与核酸の特性、培養の規模などを総合的に検討して決めること（第五条）になりますが、所属機関の安全委員会が審査しますので、必ず申請しておきましょう．もし、実験内容がいずれの区分にも該当しない場合は、「執るべき拡散防止措置が定められていない場合」（第一条）に該当し、すべて大臣確認実験となり、所属機関長の名前で文部科学大臣へ確認申請を行います．なお、省令別表第一には、実

表1● 拡散防止措置の区分

実験の種類	区分
微生物使用実験	P1 レベル
	P2 レベル
	P3 レベル
大量培養実験 （20 Lを超える設備）	LSC レベル
	LS1 レベル
	LS2 レベル
動物使用実験	P1A レベル
⎛動物作製実験⎞	P2A レベル
⎝動物接種実験⎠	P3A レベル
	特定飼育区画
植物使用実験	P1P レベル
植物作製実験	P2P レベル
植物接種実験	P3P レベル
きのこ作製実験	特定網室

表2● 宿主または核酸供与体の実験分類

クラス	宿主/核酸供与体	文部科学大臣が定める微生物（一部のみ掲載）
1	病原性がない微生物，動物，植物	大腸菌（K12株，B株）*，酵母*，枯草菌*，アグロバクテリウム*，ファージ，昆虫ウイルス，植物ウイルス
2	病原性が低い微生物	病原性大腸菌，コレラ菌，アデノウイルスの一部，HIVの増殖力等欠損株
3	病原性が高く，伝播性が低い微生物	結核菌，HIVの1および2型，SARSコロナウイルス
4	病原性が高く，伝播性が高い微生物	エボラウイルス，マールブルグウイルス

＊「認定宿主ベクター系」

験の種類ごとに大臣確認実験に該当する要件が記載されています．

表2に掲載した認定宿主ベクター系を用いる実験は，比較的安全性が高いとされており，供与核酸の病原性，伝達性，毒性への関与について問題がない限り，基本的にはP1レベルとなります．すなわち，通常の生物実験室で窓と扉が隙間なく閉まり，手を洗う設備があれば充分です．実験中は関係者以外の立ち入りを禁止し，70％エタノール噴霧などにより汚染物を消毒し，遺伝子組換え生物を実験室外に運ぶときには容器に封じ込めます．なお，文部科学省指針に記載されていた高等学校などでの「教育目的組換えDNA実験」は研究二種省令のP1レベル実験として，経験者の指導の下で従来通りに実施することができます．

P2レベルでは，不活化のための高圧滅菌器（オートクレーブ）を少なくとも同じ建物内に設置する必要があり，エアロゾルが発生する実験では内部を陰圧に保つ安全キャビネット（クリーンベンチは不可）を使用しなくてはなりません．P3レベルではさらに特殊仕様の実験室が必要になり，動物や植物を使用する遺伝子組換え実験では，逃亡防止，糞尿回収，花粉・種子飛散防止などが考慮された拡散防止措置が要求されます．

なお，'07年6月の改正感染症法施行により，ヒトに対する病原体の一部については保有するだけでも厚生労働大臣への許可申請や届出が必要となり，病原体を扱う遺伝子組換え実験は枠組みの異なる二重の規制を受けます．いずれの法令にも懲役と罰金が規定されており，行為者や管理者に適用される可能性がありますから注意が必要です．

◆ **参考図書＆参考文献**

- 『よくわかる！研究者のためのカルタヘナ法解説』（吉倉　廣／監修，遺伝子組換え実験安全対策研究会／編著），ぎょうせい，2006
- ライフサイエンスにおける安全に関する取組（http://www.lifescience.mext.go.jp/bioethics/anzen.html#kumikae）

（丹生谷 博）

Case 80

4章-3 データ管理　　　　実験データの管理

過去に行った実験データと検体が結びつかなくなった

対処方法

実験データならびに検体に日付が記載されていれば，それを手がかりに関連づけができないか考えます．実験ノートに何か情報が残っていないかも調べます．正確な関連づけがされていない検体は以後の実験には用いないようにするとともに，今後は，実験番号により検体と関連づけられる実験ノートや書き込み用紙を作成しましょう．

!! 対処方法のココがポイント

▶ 実験ノートの適切な記入と検体との関連づけ

　実験は研究という大きな流れのなかの1コマ1コマです．このため，実験データが出るたびに，実験ノートの管理，書き込み用紙（実験プロトコールシート，図1）の管理，用いた検体や実験によって生まれた検体の管理をしっかりと行う必要があります．実験ノートは生データです．**必ず日付（場合によっては時間）を記し，実験の過程がわかるように作成します**．予想に反した実験結果が現れたとき，実験の過程を知ることで「新たな発見」なのか「単純な過ち」なのかを知る手がかりとなります．また，実験中に気づいたことや思いついたアイディアをすぐに書きとめる「思いつきノート」も用意すると便利です．工夫による実験の効率化や新たな実験手法の改良開発に結びつきます．**大学ノートのような取り外しができないノートに，ボールペンなど後で書き換えられない方法で記載します**．ルーズリーフのように取り外しができるものは実験ノートとして適していません．字が汚くても構いませんから，ありのままを実験ノートに記載することが大切です．定型的な実験では書き込み用紙（実験プロトコールシート）を用いて実験番号による管理のしくみをつくると便利です（⇒ **1**）．

　実施した各実験は，実験番号を付けます．実験ノート（あるいは書き込み用紙）には，用いた検体の番号や内容を記します．実験終了後，実験によって生まれた検体（抽出DNA標品，精製タンパク質標品，培養したバクテリア，調製されたクロ

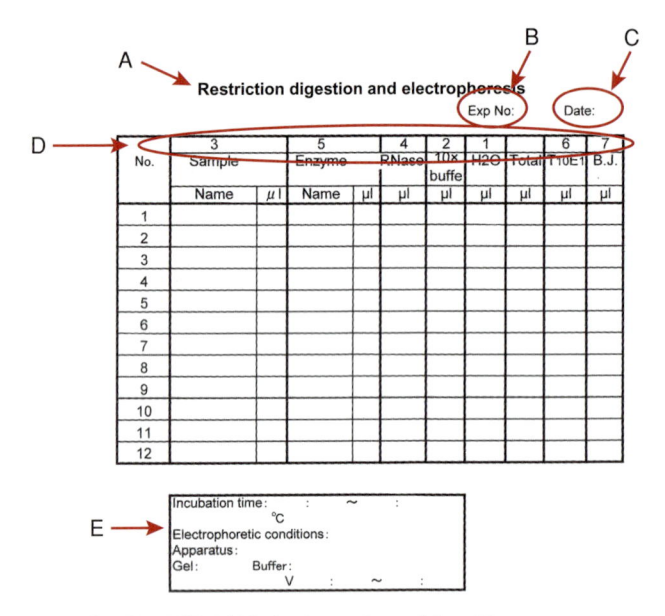

図1 ● 書き込み用紙（実験プロトコールシート）の例
A）実験名，B）実験番号，C）実験を行った日付，D）試薬を加える順序，E）反応条件（電気泳動条件）．実験番号による検体/データの管理を容易にします

ーン化DNAなど）に付した番号を実験ノート（あるいは書き込み用紙）に記載するとともに，検体の保存場所（何番の−80℃，何番の箱）を具体的に記載します．

このように，実験結果→実験プロトコール→実験に用いた検体，さらには検体の保存場所を関連づけられるように管理します（図2）．

1 プロトコール用紙と検体の管理　基本ルール

定型的な実験では，実験ノートとは別にプロトコールと書き込み用紙を用意します．実験は再現性が大切ですから，同じ手法で実施したデータを比較する場合も出てきます．その際，同じ実験方法で行った結果か，似ているが異なる実験方法での結果かを評価する必要がありますので，誰が見てもわかる書式の書き込み用紙（実験プロトコールシート）を用意します（図1）．

実験には実験番号を付け，実験で得られた検体もデータと照らし合わせられるような管理が必要です．実験データ/データを出した実験手法・条件/得られた検体（DNA・タンパク質・クローン・細胞など）が常に関連づけられ，必要に応じ再度同じ条件で実験できる状況をつくっておく必要があります（図2）．

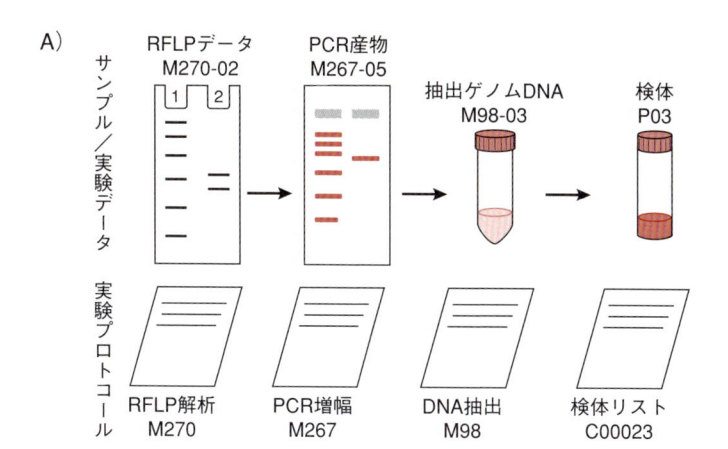

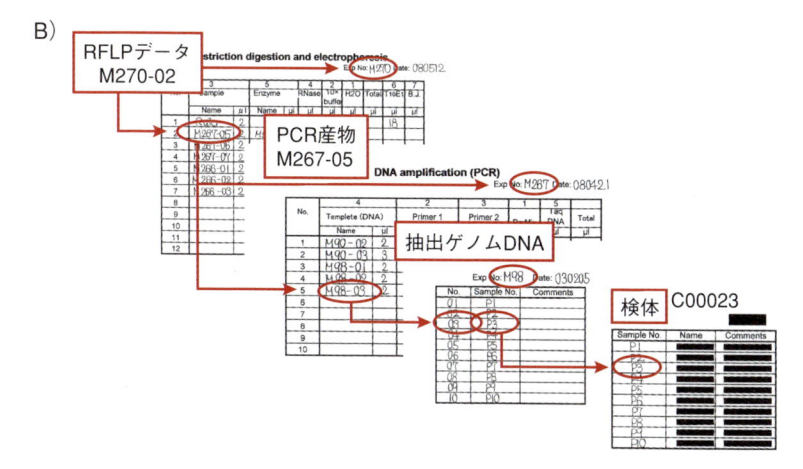

図2● 実験番号によるデータと検体の管理(例:ゲノムDNAを用いたPCR-RFLP解析)
実験データ(実験番号)→増幅産物(実験番号)→鋳型DNA(実験番号)→臨床検体(検体番号)ならびに実験プロトコールが常に閲覧でき,検体自体の保管場所も含め関連づけできるようにします.A)データと検体(実物の流れ),B)データと検体(プロトコール上の書き方).データの番号から検体の提供者まで,リストをたどる道筋を示します

◆参考図書&参考文献
- 『バイオ実験超基本Q&A』(大藤道衛/著),羊土社,2001
- 『理系なら知っておきたいラボノートの書き方』(岡崎康司,隅藏康一/編),羊土社,2007

> **おさらい** 各実験には実験番号を付けて,実験データ-詳細な実験方法-用いた検体-その検体の保管場所を関連づけることで,データと検体を結びつけて管理しましょう.

Case 80 ●実験データの管理

Case 81

4章-3 データ管理　　　　　　　　　　　　　　　　実験効率

効率が悪く，実験が進まなかった

対処方法

実験計画をしっかり立てましょう．実験を行う際には，必ずフローチャートを作成し，手順や必要な器具を確認しておきましょう．

!! 対処方法のココがポイント

▶ 実験を効率よく進めるための基本

　効率的な実験とは，無駄な実験を行わないということです．そのためにも実験を始める前には，**よく考えきちんと実験計画を立てましょう．無計画な実験は時間と試薬の浪費となります．**

　実験とは仮説を検証することです．実験を行うためには，まず疑問点を明らかにし，その実験の明確な目的を立てることです．疑問点を解決するために，必要な値や試料の数を考えます．また，**実験には対照（コントロール）が必要です．**得られた実験データは，コントロールと比較して差がなければ意味がありません．実験の目的に適した対照実験やコントロールを考え，実験を組む必要があります（⇒ **1**）．

　研究を行う前に，研究の背景をよく勉強することも大事です．よく勉強すれば，その計画で本当に価値のあるデータが得られ，目的が明らかになるかどうかを見極めることができます．そして，その分野のエキスパートの助言ももらいましょう．普段からの人間関係も大事です．

　実験を行うにあたっては，**ノートづくりが大切**です．実験を行う前には必ずフローチャートを作成し，実験のイメージトレーニングをして手順や必要な試薬や機器を確認しましょう．試薬の調製はもちろんのこと，同じ実験の繰り返しであったとしてもノートにはきちんと記録をしておきましょう．ノートは誰が見てもわかるように整理し，データや気がついたことをどんどん記録していきます．データをメモに書きとめて，後でまとめて整理しようなどとはせず，実験した日のうちに必ずノートに記録するようにします．時間が経てば経つほど詳細を忘れてしまいます．挙げ句の果てには，何のデータかわからなくなることさえあり，無駄な実験となって

しまいます．また，ノートはこまめに見直し，実験の進め方を検討しましょう．

1 対照実験　操作の基本

　対照実験（コントロール）とは1つの本実験の比較基準となる実験をいいます．空試験（盲験，ブランクテスト）も対照実験と同義に扱われます．どんな内容の実験であれ，実験から何かを明らかにするためには，必ず対照実験が必要です．実験より得られた結果が正しいのかどうかを検証するために対照と比較し，対照と差があればデータは意味があるとみなされます．必ず結果の出ないものをネガティブコントロール（陰性対照），必ず結果の出るものをポジティブコントロール（陽性対照）といいます．そこで，実験を計画するにあたって対照に何をおくのかが重要になってきます．

　定量実験においては，目的の試料とできるだけ近い組成既知の物質（標準物質）において同じ方法で測定し，生ずる誤差を知って定量値に対する補正値を求めることをします．また，標準物質の濃度と測定値の関係を表したものを検量線（標準曲線）といい，その曲線の原点の位置や傾きはその実験系において重要な意味となるほか，試料の定量に用いられています（Case 08 参照）．

　空試験は，定量実験において，目的物が含まれていないもとで，全定量操作をなるべく忠実に実施し，ゼロと出るはずの値がどのように出るかを見る方法をいいます．

◆ 参考図書＆参考文献
- 『理系なら知っておきたいラボノートの書き方』（岡崎康司，隅藏康一／編），羊土社，2007

> **おさらい**　無計画な実験は，試薬と時間の無駄です．効率のよい実験を行うためには，フローチャートでイメージトレーニングをすることも重要です．

Case 82

4章-3 データ管理

サンプル管理

しまったはずのサンプルが見つからなかった

対処方法

日頃からの管理が重要です．実験データやサンプルは他人との共有も多いものです．番号を付けて管理をするとともに，共同実験者がいつ見てもわかるようサンプルの保存のしかたやラベルの貼り方にも工夫をしましょう．

!! 対処方法のココがポイント

▶ 実験サンプルを管理しやすくする工夫

　たくさんの実験サンプルを管理していくためには，実験方法，データ，サンプルを結びつけるように番号を付けます．番号を付ける方法はいろいろあるとは思いますが，**研究室で共有するサンプルは番号管理の共通のルールをつくりましょう**（⇒☞1）．**個人管理の場合は，実験ノートとリンクするようにつけるのがよいでしょう**（Case 80 参照）．たとえ個人管理であっても，そのサンプルを誰かが引き継ぐかもしれません．誰が見てもわかるようにしましょう．

　せっかく管理番号を付けても，そのサンプルの保管場所が定まっていなければ意味がありません．フリーザーや冷蔵庫，棚など所定の場所を決め，保管場所の記録も残しましょう．保管場所は共有の場所と個人の割り当ての場所と分けることとなりますが，共有のものは必ずその場所に返す，他人の場所におかないというのは原則です．サンプルはどんどんたまるものです．いらなくなったものは定期的に捨てましょう．

　サンプルには内容物，管理番号などを銘記したラベルを貼ります．油性のマジックで直接容器に書くと，消えて読めなくなる場合があります．また，せっかくラベルを貼っても，そのラベルがはがれてしまったり，文字が消えてしまっては意味がありません．ラベルははがれにくい場所に貼り，その上をセロテープで覆うなどしてラベルがはがれないよう工夫しましょう．また，万が一はがれても内容がわかるように，サンプルをまとめた袋やラックに内容を書いた紙を入れておくとよいでしょう（図）．

図●保管のイメージ図

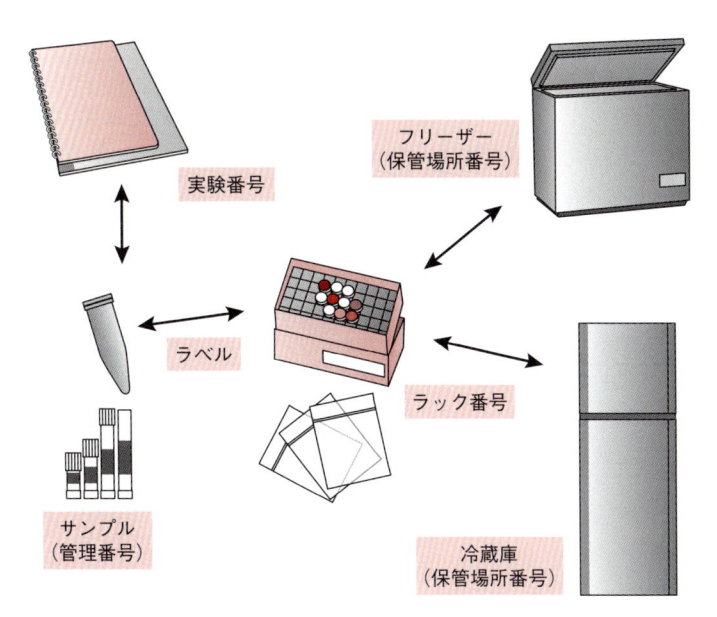

サンプルの管理番号は，ノートの実験番号やラック番号，保管場所と連動するようにつけておきます．①-①-①（実験番号-ラック番号-保管場所番号）のようなルールをつくっておくとよいでしょう

　サンプルは実験ごとにグループ分けをし，まとめて同じラックや袋に分類します．ラベルやチューブの色を変えるとわかりやすいです．また，ラックにはフタを，袋は口をきちんと閉じサンプルが落ちないようにしましょう．チャックつきの袋が便利です．

　もう二度と手に入らないサンプルかもしれません．サンプル管理はくれぐれも慎重に行いましょう．

1 研究室の管理　　基本ルール

　研究室には，管理しなければならないものがたくさんあります（**表**）．まずは，棚にある膨大な試薬類です．試薬は保存場所も異なり，いろいろなところに分散しています．試薬庫や冷蔵庫の棚に番号を付け，試薬の保管場所をきちんと定めます．試薬名，容量，所在場所などを明記した試薬リストを作成し，試薬を探しやすいようにしておきましょう．また，Excelで管理し，試薬の注文，廃棄などを記録し保管状況もわかるようにしておきます．試薬はきちんと管理し，無駄な注文を避けましょう．

Case 82 ●サンプル管理

表●研究室の管理項目一覧

管理項目	管理内容
試薬類	試薬名，容量，所在場所，保管状況（注文，廃棄）など
機器類	配置場所，備品番号，購入年月日，購入業者，修理状況，マニュアル保管場所など
器具類（ピペット，ガラス器具など）	保管場所，数など
チップなど消耗品	保管場所，在庫状況，注文票など
コンピューター	機種，配置場所，備品番号，購入年月日，購入業者，修理状況，使用システムなど
コンピューター備品	在庫状況，購入場所，注文者など
図書や雑誌類	書名，保管場所，貸し出しの状況など
ポット，電話など	配置場所，購入年月日，購入業者，保証書など
鍵	保管場所，施錠の状況

　機器類も配置場所，備品番号，購入年月日，購入業者，修理状況などを記録したリストをつくっておくと便利です．散在しがちな保証書やマニュアルもきちんと管理しておきましょう．ピペット類，ガラス器具そのほか細かい実験器具もたくさんあります．これらも時々，在庫状況を確認しておくとよいでしょう．

　パソコン類も機器と同様に管理が必要です．パソコンにはトラブルが多いものです．パソコンが得意な人に管理者をやってもらいましょう．また，共通のパソコンのハードディスクに個人データをいつまでも残しておかないよう注意します．また，紙やインクなど消耗品が少なくなったとき，気がついた人は速やかに管理者に連絡または注文しましょう．

　そのほか，研究室には定期購読している雑誌類，ポット，電話などさまざまなものがあり管理されています．それぞれの研究室のルールに従って対応しましょう．鍵の管理は特に重要です．使った人は必ず保管場所に返すことを徹底しましょう．そして，自分の机のまわり，資料，大事なデータの管理もお忘れなく．

おさらい サンプルは日頃からの管理が重要です．番号を付け，誰が見てもわかるよう保管しましょう．

Case 83

4章-3 データ管理　　　　測定データの信用性

得られたデータを信用してもらえなかった

対処方法

まず，コントロールや試料数あるいは手法が適切かどうか実験系を見直しましょう．また，得られたデータに対して適切な数値処理を行い，データをわかりやすく整理しましょう．

!! 対処方法のココがポイント

▶ 実験データの信頼性を左右する要因

　実験が終わって，生データが出て一段落ではありません．得られたデータをどう解析するのかが勝負なのです．得られたデータはただ平均値をとればいいのではありません．そのデータには，必ず誤差（⇒ 1）が含まれています．**その誤差が最小限になるように実験を組まなければなりません．また，データには誤差が含まれていることを前提に，評価をする必要があります．**

　得られたデータがあまりにもばらついた値では信用できません．ばらついたデータのまま，やみくもに平均値を出すのは意味がありません．明らかに操作ミスとみなされるようなデータは，除去して構いません．同じ条件で実験をしたのにもかかわらず値がばらつくのには，「実験技術が未熟である」「測定機器が不具合である」など何らかの原因があるはずです．ばらつきの原因を減らすよう，用いる方法や器具，機器の感度を検討し，またばらつきの少ないデータを得られるよう実験を繰り返さなければなりません．**同じ実験を繰り返して同じ結果が得られるか否かを「再現性」といい，データの評価で重要な指標となっています．**生物を扱った実験などでは，実験系自体が不安定な場合があります．この場合はできる限り試料の数を増やし，生物統計に基づくデータ処理を行います．

　ある変数に対するデータの数は，普通1個では信用できません．実験内容にもよりますが，最低でも2個以上必要です．また，ある実験のデータでコントロールとの差が出たとしても，1個のデータでは偶然かもしれません．そこで，複数の値をとり，より真実に近いかどうかを検討するのです．また，同じ目的の実験を異なる

原理の手法で行い同様の結果が得られるかどうかを検討します．**得られたデータが，真実にどれだけ近いかを「正確さ」といい，これもデータの評価の重要な指標です．**

　得られたデータを評価するためには，統計的な手法を用います．統計を用いることで，「再現性」や「正確さ」あるいは，データ間の相関性や有意差を数値的に評価できます．しかし，信頼できるデータとは，普段から正確な実験を心がけるという心構えがなにより大事です．また他人にデータを見せるとき，まとめ方やグラフの作成はていねいに，そしてわかりやすくなるよう工夫しましょう．

　ピペットや測定器具の検定などを定期的に行うことも忘れないようにしましょう．

1 誤差　基本用語

　どんなに細心の注意を払って実験を行ったとしても，その実験値には何らかの誤差が含まれています．誤差とは，期待される値，すなわち真の値に対するずれのことをいいます．測定の誤差は系統誤差と偶然誤差に分けられます．

　系統誤差は，値の偏りを大きくし，正確度（確度）の大小を決めることになります．すなわち，系統誤差が大きくなればなるほど真の値から離れます．系統誤差の原因には，測定方法の選択の誤り，あるいは，普段使用しているピペットや天秤の不調整が考えられます．計量機器類は，定期的に検定しましょう．また実験者の癖により生じる個人的誤差も系統誤差の原因になります．例えばビウレットのメニスカス，機器の目盛りの読み取り位置の差などの視差が該当します．

　偶然誤差は，測定値のばらつきを大きくします．偶然誤差が大きくなると再現性や精密さが低下します．原因としては実験条件が一定に保たれないこと，個人的な操作が一定に行われないことなどがあげられます．これらの誤差は実験初心者に顕著ですが，熟練すれば減らすことができます．また，実験者の不注意により生じる誤差も原因となりますが，結果を整理すれば容易に発見し，除去できます．原因不明の誤差を偶発的誤差といいますが，これは補正する余地はないので，統計的手段により処理されなければなりません．

◆参考図書＆参考文献
- 『パソコンで簡単！すぐできる生物統計』（Roland Ennos／著，打波　守，野地澄晴／訳），羊土社，2007

おさらい
得られたデータには必ず誤差が含まれています．誤差をなるべく少なくし，信頼できるデータを得るためには，再現性がよく，正確な実験を行うことが重要です．

Case 84

4章-3 データ管理　　　　インターネットの情報

インターネットに出ていた実験方法を採用したら失敗した

対処方法

インターネット上にはさまざまな情報が存在しますが，情報を取捨選択するのは実験者自身です．公開されている情報に納得できない場合，そのまま採用するのは控えた方が無難です．

!! 対処方法のココがポイント

▶ ネット上のプロトコールの活用のしかた

　まず実験の基本原理を理解することが重要です．インターネット上に公開されているプロトコールや条件は特定の試料（情報掲載者の試料）では最適化されていたとしても，別の試料では最適でないかもしれません．

　試料によっては反応阻害物質の除去やバッファー交換などの前処理が必要な場合もあります．**ネット上で公開されている情報が基本原理に沿っているか，一般化された最適反応条件から改変されているか，また自分の実験にとって無駄な操作や省略可能な操作がないか考えます．**PubMed などの論文検索サイトやデータベースのほかにも，プロトコール検索サイトや掲示板（⇒ 1, 2）もあります．

　市販キットは回収率やコストを改善するため器具や試薬，操作手順や回数は最小化され，またさまざまな試料に対応できるように組成や条件も検討され一般化されています．ほとんどの製造元はインターネット上で取扱説明書（Instruction Books）や技術文書（Technical Data Sheet）を公開しています．市販キットも従来法の改変であり，開発段階で得られた知見（従来法の原理や問題点）も取扱説明書やカタログに反映されます．このようなデータシートやカタログではメーカーのノウハウのトラブルシューティングなども充実しています．高価な参考書以外でも，無償でダウンロードして活用できる資料もあります．

🔖1 プロトコール検索サイト　知ってお得

一般化されたプロトコールを検索することができます．登録が必要なサイトもあります．

- Protocol Online（http://www.protocol-online.org/）
- Cold Spring Harbor Protocols（http://www.cshprotocols.org/）
- Nature Protocols（http://www.nature.com/nprot/index.html）

🔖2 掲示板　知ってお得

実験上のトラブルや市販キットに関する情報交換などが意欲的に行われています．

- Bio Technical フォーラム（http://www.kenkyuu.net/biotechforum.html）

おさらい　基本原理を確認して，一般化されたプロトコールから自分の実験に合うようなプロトコールに最適化します．

Case 85

4章-3 データ管理　　　　　　　　　　　　　　　　PC保存データ

パソコンに保存していた実験データがなくなってしまった

対処方法

まず，出力したデータがあるかどうか探してみます．また，他の目的でデータのコピーを取らなかったか確かめます．さらに，今後このようなことが起こらないように外付けハードディスクや他のメディアへの保存など，バックアップ体制を整えます．

!! 対処方法のココがポイント

▶ 実験データのデジタル保存のしかた

　手作業中心の実験では，生データの保存は原則としてハードコピー（紙）です．しかし，分析機器の生データやソフトウェアで解析した生データなどは，パソコン（PC）内に保存するのが一般的です．データの量が少なければすべてを印刷してハードコピーとしてバックアップすることが確実です．しかし，大量のデータがある場合には印刷することは現実的ではありません．また，デジタルデータで保存することはPC上のソフトを用いて生データをすぐに解析できる利点もあります．

　生データを保存する場合，**ファイル名に日時，実験番号，実験内容を明記しファイルを見つけやすくします**（図）．ファイルの書式を統一して整理しなければ，ファイルが増えた場合，目的の実験データを見つけ出せなくなります．

　このように整理したデジタルデータは，**最低2カ所の異なるバックアップを作製します**．例えば，分析機器に付属のPCと外付けハードディスクあるいはサーバー内などです（⇒ 1）．

　生データをデジタル保存する場合，バックアップも重要ですが，セキュリティーを考えパスワードの設定で限定された人だけ見れるようにすることも大切です．貴重な生データが簡単に誰でもアクセスされることは好ましくありません．そして，生データの日時や実験番号などによりデジタルデータ自体を系統的に保存することを忘れてはなりません．

日付　実験番号　実験内容

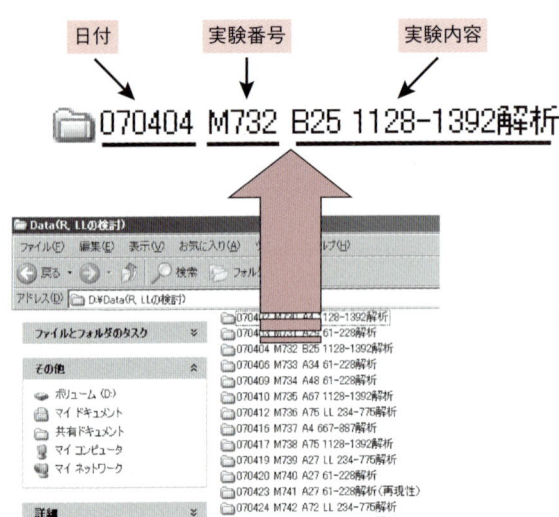

📁070404 M732 B25 1128-1392解析

図●生データ保存ファイルのラベル（機器分析データ）
どの実験の生データかがわかるように整理します．分析機器付属PCの場合，日付で管理できるようになっていますが，実験番号や内容を記載しないと後でわかりにくくなります

---

1 データのバックアップ方法　操作の基本

現在，デジタルデータのバックアップには，
①施設のサーバーに保存
②外付けハードディスクに保存
　（設置型〜300GB，小型・持ち運び可能型〜80GB）
③DVD（〜9.4GB），CD（〜700MB），フラッシュメモリー（〜2GB）に保存
などがあります（注：ディスク容量は2007年6月現在．技術の進歩によりディスク容量は日進月歩です）．

　データ量によりますが，バックアップとしては①か②を用います．③はデータの移動や授受に適しますが，コピーしたDVDやCDを紛失しないようにします．また，データ自体の管理は最重要です．機器の分析データなどは，機器付属のPCに残される日時ならびに各生データの名称に実験番号を加えるなどで管理します．
　データをハードディスクから引き出せなくなった場合，サルベージしてくれるソフトウェアや専門の会社がありますが，まずはバックアップが原則です．

おさらい　実験データを保存する際には，2つ以上のバックアップをとりましょう．

付録 バイオ実験お役立ち書籍＋α

「バイオ実験の手法や原理をもっと深く学びたいが，たくさんある本のなかでどれを選んだらよいか悩んでいる」．そのような読者の皆さまに向けて，バイオ実験初心者におすすめの書籍（＋α）をご紹介いたします．

1 これからバイオ実験を始めるにあたって

1）実験操作の心構えやポイントをつかみたい

○『バイオ実験超基本Q&A』（大藤道衛／著），羊土社，2001
⇒実験初心者を対象に，「白衣はなぜ着るのか？」「オートクレーブできない器具は何？」「実験試薬・機器を取り扱うバイオ研究支援企業とは？」など，これからバイオ実験を始めるにあたり必要な事柄や，遺伝子組換え実験や遺伝子解析実験などの組み方の基本，実験のコツを具体的な例示によりQ&A方式にて解説してあります．実験に慣れた人でも「いまさら聞けない」基本がたくさん納められています．

○『バイオ実験トラブル解決超基本Q&A』（大藤道衛／著），羊土社，2002
⇒実験初心者を対象に，実験トラブル解決の定石を解説した後，具体的な遺伝子組換え実験や遺伝子解析実験で起こったトラブルと解決方法をQ&A方式にて解説してあります．トラブル解決を通じ，実験の基本を学べます．

○『バイオ実験イラストレイテッド ①分子生物学実験の基礎』（中山広樹，西方敬人／著），秀潤社，1995
⇒バイオ実験の基本である器具の種類や扱い方，試薬の調製方法，遺伝子組換え実験の基本がわかりやすく解説されています．詳細なたくさんの図や写真により，初心者にとって実験内容や操作をすぐに理解できる構成です．バイオ実験初心者もこの本を読みながら行えば，早く操作が修得できます．

2）実験の原理や背景を学んで基礎づくりをしたい

○『最適な実験を行うためのバイオ実験の原理』（大藤道衛／著），羊土社，2006
⇒実験操作のコツや実験結果の解釈，さらには新たな実験法の開発や既存の実験法の改良には，原理や成り立ちを知ることが早道です．一方，多くのバイオ実験は，生体内で起こっている現象や反応を利用しています．本書は，生命科学研究に登場する各種バイオ実験法を，分子生物学的，化学的，物理的原理ごとに分類・整理し，横断的に原理をまとめた実験入門書です．

○『これからのバイオインフォマティクスのためのバイオ実験入門』（高木利久／監，大藤道衛，高井貴子／編），羊土社，2002
　⇒バイオインフォマティクス研究者・技術者向けのゲノム解析実験法の入門書．ゲノム・トランスクリプトーム・プロテオームの概念と具体的な実験方法が示されており，さらにDNA解析・タンパク質化学・組換えDNA実験の体験実習プロトコールが含まれています．また，専門用語は1項目1ページを割き模式図やデータにて詳しく解説しています．

2 実験の操作方法・プロトコールを知りたい

1）分子生物学実験

遺伝子組換え実験，遺伝子解析実験，遺伝子発現およびタンパク質解析実験など．

○『Molecular Cloning：A Laboratory Manual 3rd ed.』（Sambrook, J. & Russell, D. W.／著），Cold Spring Harbor Laboratory Press, 2001
　⇒遺伝子工学実験プロトコールのバイブルとして，Maniatisらによる第1版は1980年代初頭にほとんどの遺伝子工学研究者，技術者が用いていました．最新の第3版も試薬の調製方法から，ベクターの構造をはじめ，あらゆる実験プロトコールが含まれています．さらに，マイクロアレイやGFPテクノロジーについても触れられています．最近は多くの実験書が市販されていますが，平易な英語で書かれているこの本はやはり遺伝子実験のバイブルでしょう．参考URL：http://www.MolecularCloning.com/

○無敵のバイオテクニカルシリーズ（羊土社）
　⇒バイオ実験の基本操作やプロトコールが学べます．豊富な図と実験操作のコツが細かく解説されているため，本書を見ながらすぐに実験に取り組めます．

　『改訂 遺伝子工学実験ノート上巻』（田村隆明／編），羊土社，2001
　『改訂 遺伝子工学実験ノート下巻』（田村隆明／編），羊土社，2001
　『改訂 PCR実験ノート』（谷口武利／編），羊土社，2005
　『RNA実験ノート上巻』（稲田利文，塩見春彦／編），羊土社，2008
　『RNA実験ノート下巻』（稲田利文，塩見春彦／編），羊土社，2008
　『細胞培養入門ノート』（井出利憲／著），羊土社，1998
　『改訂第3版 タンパク質実験ノート上巻』（岡田雅人，宮崎 香／編），羊土社，2004
　『改訂第3版 タンパク質実験ノート下巻』（岡田雅人，宮崎 香／編），羊土社，2004

○『ここまでできる PCR最新活用マニュアル』（佐々木博己／編），羊土社，2003
　⇒PCRの原理から実施に際しての機器の選定方法，系の組み方，変異・多型解析を含めたPCRの入門書．変異・多型解析やクローニングなどの応用実験が具体的なプロトコールとトラブルシューティングでまとめられています．PCR実験に必須の一冊です．

○『原理からよくわかるリアルタイムPCR実験ガイド』（北條浩彦／編），羊土社，2007
　⇒現在，バイオ実験で広く用いられているリアルタイムPCRによる定量の原理，解析方法，実験を組む際のプライマーデザイン，さらに発現解析，遺伝子多型タイピング，遺伝子量

解析の最新プロトコールまで，詳細に解説されています．

○『PCR Protocols』(Innis, M. A., Gelfand, D. H., Sninsky, J. J., White, T. J./編)，Academic Press, 1990
⇒古い本ですが，PCR 増幅のコツや DGGE など変異解析法についての原理方法が，プロトコール，実例データ，模式図などを駆使しわかりやすく書かれています．

○『RNA Methodologies』(Farrell, R. E. Jr./著)，Academic Press, 1993
⇒RNA の取り扱いに特化した実験書です．実験原理から実験手法，注意点などが図や写真により平易な英語で解説されています．また，参考文献も豊富です．

○『バイオ試薬調製ポケットマニュアル』(田村隆明/著)，羊土社，2003
⇒溶液・試薬の調製方法を，実験プロトコールから写しとる必要がありません．ポケットサイズのこの一冊で，必要な溶液・試薬の調製ができます．

○『バイオ実験法&必須データポケットマニュアル』(田村隆明/著)，羊土社，2006
⇒基本的な実験プロトコールが，ポケットサイズの一冊になっています．巻末の実験に必要な基礎データは，主な試薬の分子量，バッファーの適用 pH 範囲，制限酵素サイト，組織培養用抗生物質まで，実験書を紐解かずに，この一冊で必要なデータを入手できます．

2) 微生物培養・無菌操作

○『初めて学ぶ人のための微生物実験マニュアル』(安藤昭一/編著)，技報堂出版，2003
⇒バクテリア，カビ，酵母などの微生物に関する基礎的内容から，無菌操作や培養方法など微生物の取り扱いの基本が実験操作の豊富な写真を用いてわかりやすく解説されています．さらに遺伝子組換え実験ガイドライン，教育目的遺伝子組換え実験のプロトコール例も紹介されています．

○『ビギナーのための微生物実験ラボガイド』(掘越弘毅，中村 聡，青野力三，中島春紫/著)，講談社，1993
⇒微生物の分離，培養，保存から遺伝子工学への応用まで，微生物の取り扱いの基本が図や写真を含め，詳しく解説されています．実験の原理や理論もわかりやすく解説されているため，書名のとおり微生物の取り扱い初心者でも読みこなし活用できる一冊です．

3) バイオデータベースの活用

○『改訂第2版 バイオデータベースとウェブツールの手とり足とり活用法』(中村保一，石川 淳，礒合 敦，平川美夏，坊農秀雅/編)，羊土社，2007
⇒NCBI ポータルサイトをはじめ，ウェブ上にはバイオ実験に役立つデータベースやツールが数多くあります．本書は，具体的な画面に沿って1つ1つ解説されているので，使い方を系統的に学び，自分の実験に活用できます．

❸ 実験を行うなかで手法や操作のコツやノウハウを知りたい

○なるほどQ&Aシリーズ（羊土社）
⇒実験分野別に，実験手技のコツがQ&A形式でまとめられています．しかし，単なるトラブルシューティングではありません．各実験の原理や背景についてもQ&Aでまとめられています．このため読者は，実験手技の全体像がつかめ，さらに応用ができる構成になっています．初心者からベテランの実験者まで，各分野の実験のノウハウが結集されています．

『細胞培養なるほどQ&A』（許　南浩／編，日本組織培養学会，JCRB細胞バンク／協力），羊土社，2003
『電気泳動なるほどQ&A』（大藤道衛／編，日本バイオ・ラッドラボラトリーズ株式会社／協力），羊土社，2004
『遺伝子導入なるほどQ&A』（落谷孝広，青木一教／編），羊土社，2005
『タンパク質研究なるほどQ&A』（戸田年総，平野　久，中村和行／編），羊土社，2005
『RNAi実験なるほどQ&A』（程　久美子，北條浩彦／編），羊土社，2006
『マウス・ラットなるほどQ&A』（中釜　斉，北田一博，城石俊彦／編），羊土社，2007

○『手抜き実験のすすめ』（福井泰久，岩松明彦／著），羊土社，2003
⇒慣れてきた実験者には，実験の「精と粗」（精密に行わなければならない操作と粗雑でも問題ない操作）が見えてきます．本書は，慣れた実験者にとって必要な，実験の要領が満載されています．

○『バイオ実験の知恵袋』（小笠原道生／著），羊土社，2007
⇒実験中に起こる不測の事態にいかに対応するか．著者のアイデアが満載の書．実験に慣れてきた人，ベテランの実験者に必須の一冊です．

○『バイオ実験で失敗しない！検出と定量のコツ』（森山達哉／編），羊土社，2005
⇒ウエスタンブロッティング，ELISA，ノーザンブロッティング，サザンブロッティング，PCR，RT-PCRなど，バイオ実験では，特定分子の検出・定量が必須です．本書は，検出・定量のノウハウがまとめられています．例えば，検出方法と感度の違い，PCRの酵素の選択方法など，検出・定量の鍵を握る要因について詳しく解説されています．

❹ 用語や概念を辞書で調べたい

○『遺伝子工学キーワードブック 改訂第2版』（緒方宣邦，野島　博／著），羊土社，2000
⇒遺伝子工学に関する用語・概念の辞書です．遺伝子実験に必要な概念が，適切な模式図によって"みるみる"わかってきます．

❺ バイオ実験について短期間で学びたい，講習会に参加したい

○大学主催の実験講習会
研究者・技術者向けに実験講習会を行っている大学ならびに附属研究施設があります．

例：東京農工大学遺伝子実験施設（http://www.tuat.ac.jp/~idenshi/）
遺伝子操作トレーニングコース（サブクローニングからPCRなど基礎的な実験手法）と遺伝子操作アドバンスコース（組換えタンパク質発現と精製）があります．

○ **学会主催の講習会**
例：日本電気泳動学会（http://wwwsoc.nii.ac.jp/jes1950/）
電気泳動の実習を含む基礎技術講習会を実施しています．

○ **企画会社が行っている講習会**
研究者・医師・技術者・大学院生を対象に，講義や技術講習会を行っている会社があります．
例：学際企画（http://www.gakusai.co.jp/）
講習会には，講義のみの場合と実習を合わせて行う場合がありますから，事前に問い合わせてください．

○ **バイオ研究支援企業が行っている講習会**
製品の使い方ばかりでなく原理や背景を含めた実習を，有料または無料で行っているバイオ研究支援企業が多数あります．
例：
アプライドバイオシステムズ（ABI：http://www.appliedbiosystems.co.jp）
セミナー＆トレーニング
http://www.appliedbiosystems.co.jp/website/jp/training/list.jsp
PCR，RNA抽出などの基本から，siRNA実験，シークエンシング，さらに製品のトレーニングまで多くのコースが無料，有料で開催されています．

インビトロジェン（http://www.invitrogen.co.jp）
セミナー・ワークショップ
http://www.invitrogen.co.jp/info/workshop.shtml
定量PCR，電気泳動など同社の製品を中心に，講演会（セミナー）や実験講習会（ワークショップ）が行われています．

詳細は，各社にお問い合わせください．

6 実験に関係する法律を知りたい

○ 『科学者のための法律相談―知っておいて損はない25の解決法』（京都第一法律事務所／編著），化学同人，2007
⇒「学生実験中に事故が発生した」「労働安全衛生法に適合しない施設で実験した」など身近に起こりうる事態を法律的にどのように考えるかがわかりやすく記載されています．さらに，捏造やハラスメントなどのモラルの問題，知的財産の問題なども解説されています．科学に特化した法律相談の本は大変ユニークなもので実験や研究に携わる者は一度読破したい本です．

索引 index

数字

10％中性緩衝ホルマリン ……………115, 117
260/280比 ……… 124
3R ……………… 143
3つのR ………… 143

欧文

A〜F

α型DNAポリメラーゼ … 69
Ames試験 …………… 39
BCA法 ……………… 166
CBB染色 …………… 33
Class 6.2 …………… 197
CMC ………………… 63
CO_2インキュベーター … 101
Co-IP ……………… 159
Coomassie Brilliant Blue …………… 33
DEPC ……………… 179
DEPC処理滅菌水 … 180
DNase ……………… 168
DNA抽出 …… 87, 115, 131
DNAの精製 ………… 70
DNAの断片化 ……… 115
DNAの保存 ………… 168
ELISA ……………… 146
EtBr ………………… 38
FBS ………………… 152

G〜N

GHS ………………… 205
GM（Geiger-Muller）カウンター ……… 193
HEPA ……………… 82
ICSC ……………… 195
In-Gel Western …… 47
Kp ………………… 63
Laser Capture Microdissection …………119, 121, 130
LCM法 ………… 119, 121
Long PCR ………… 68
Mg^{2+}濃度 ……… 66, 70
MSDS ……………… 195
NIRF ……………… 34

P〜W

PAGE ……………… 41
PCR …… 66, 68, 70, 117
PCR産物の精製 …… 172
PFGE ……………… 42
pH ………………… 51
pH調整 …………… 51
pHメーター …… 51, 52
Pol I型DNAポリメラーゼ ……………… 69
PPI ………………… 159
Protein-Protein Interaction ……… 159
RI ………… 190, 191, 192
RI廃棄物 ………… 192
RNase …………… 179
RNA安定化剤 …… 127
RNA抽出 …… 123, 126
RNAの保存 ……… 181
RNAの溶解 ……… 179
RNA分解酵素 …… 179
SDS ………………… 29
SDS-PAGE …… 29, 31
S/N比 ……………… 44
Sodium Dodecyl Sulfate ……………… 29
Specific Pathogen-Free ……………… 140
SPF動物 ………… 140
SYBR Green …… 39
Taq DNAポリメラーゼ …68
TEバッファー …… 168
Whole genome amplification …… 70

索引

和文

あ

- アガロース ……… 41, 88
- アガロースゲル ……… 43
- 頭だし ……………… 131
- アニーリング ………… 66
- アビジン …………… 156
- アフィニティー精製カラム
  …………………… 151
- アンプル …………… 204
- イオン交換水 ……… 180
- イソプロパノール沈殿
  …………………… 176
- 一般試薬 …………… 57
- 医療廃棄物 ………… 198
- 引火性 ……………… 186
- 引火性物質 ………… 19
- インジケーターテープ … 17
- 飲水量 ……………… 136
- 陰性対照 …………… 217
- インターネット …… 223
- ウエスタンブロッティング
  …………… 44, 46
- 植え継ぎ
  …… 90, 104, 106, 108
- ウォームアップ …… 25
- 泳動バッファー …… 43
- 液体試薬 …………… 48
- えさ ………………… 139

- エタノール沈殿 …… 175
- エチジウムブロマイド
  …………… 36, 38, 43
- 遠心管 …………… 20, 22
- 遠心機 …………… 20, 21
- 遠心分離 …………… 20
- 塩析（salting-out）… 60
- 遠沈管 ……………… 22
- 塩溶（salting-in）… 59
- オートクレーブ
  ………… 16, 17, 23, 83
- オートラジオグラフィー … 193

か

- 回収率 ……………… 93
- 界面活性剤
  ……… 31, 54, 62, 167
- 化学的架橋 ………… 160
- 化学物質等安全データシート
  …………………… 195
- 化学名 ……………… 54
- 架橋 ………………… 133
- ガスボンベ ………… 24
- 活性化プレート …… 150
- カビ …………… 95, 101
- カビの胞子 ………… 95
- ガラス ……………… 178
- ガラス器具 ……… 12, 13
- ガラスピペット …… 16
- 還元剤 …………… 29, 31
- 緩衝液 ……………… 51

- 寒天培地 …………… 88
- 乾熱滅菌 ………… 16, 17
- 慣用名 ……………… 54
- 機器のメンテナンス … 207
- 危険有害性分類 …… 204
- キット …………… 77, 79
- 揮発性物質 ………… 49
- 吸光度 …………… 25, 27
- 強アルカリ ………… 188
- 強化ガラス ………… 13
- 強酸 ………………… 188
- 共沈キャリアー …… 175
- 共免疫沈降 ………… 159
- 局所麻酔 …………… 141
- 近赤外蛍光 ………… 34
- 銀染色 ……………… 36
- 偶然誤差 …………… 222
- クラフト点 ………… 63
- クランプ構造 ……… 96
- クリーンベンチ …… 82
- グリコーゲン ……… 175
- グリセロール ……… 84
- グリセロール保存 … 85
- クロマトグラフィー … 93
- 蛍光標識 …………… 154
- 掲示板 ……………… 223
- 系統誤差 …………… 222
- 劇物 ………………… 189
- 血球計算板 ………… 111
- 血清培地 …………… 152
- ゲル染色 …………… 33

索引 233

ゲルの切り出し ……… 36	細胞数の計測 ……… 110	自由摂取 ……………… 139
ゲル濾過 ……………… 173	細胞接着分子 ……… 158	出用計 ………………… 15
研究室の管理 ……… 219	細胞の生存率 ……… 108	受用計 ………………… 15
検出感度 ……………… 33	細胞の増殖曲線 …… 109	純水 …………………… 180
検量線 ………………… 27	細胞の凍結保存法 … 109	消火器 ………………… 202
コールド ……………… 193	細胞の剥離 ………… 104	蒸留水 ………………… 180
高圧ガス保安法 ……… 24	細胞培養 … 101, 102, 106	植菌 …………………… 89
高圧蒸気滅菌法 ……… 83	細胞剥離剤 ………… 105	除染 …………………… 192
抗原賦活化 …………… 132	細胞密度 …………… 108	シリカ ………………… 178
抗原賦活化用バッファー … 118	サブコンフルエント … 156	飼料 …………………… 139
抗真菌剤 ……………… 102	三重包装 …………… 196	試料の前処理 ………… 32
抗生物質 ……………… 102	サンプル管理 ……… 218	試料の保存 ………… 200
酵素 …………………… 92	シークエンシング … 172	シンチレーションカウンター
抗体 …………… 146, 149	飼育管理 …………… 136	……………………… 193
抗体の精製 …………… 151	飼育ケージ ………… 137	伸展器 ………………… 134
抗体の標識 …………… 153	紫外吸収法 ………… 166	推奨プロトコール ……… 77
抗体剥離剤 …………… 45	紫外線灯照射 ………… 82	水道水 ………………… 179
国際化学物質安全性カード	色素結合法 ………… 166	水和 …………………… 58
……………………… 195	シグナルノイズ比 …… 44	スキムミルク ………… 87
誤差 …………………… 222	子実体 ………………… 96	スクレーパー ………… 105
固体試薬 ……………… 48	実験計画 …………… 216	スタブ保存 …………… 85
コロイド ……………… 33	実験効率 …………… 216	ストレプトアビジン … 156
コロニーの保存 ……… 84	実験動物 ……… 136, 139	スペーサーアーム … 153
コンタミ ………… 73, 113	実験ノート ………… 213	生化学用試薬 ………… 57
コントロール ………… 77	実験廃棄物 ………… 198	正確さ ………………… 222
コンフルエント… 106, 156	実験プロトコールシート	制限給餌法 …………… 139
コンベンショナル動物… 140	……………………… 213	清浄化 ………………… 82
	試薬の危険有害性 … 204	精製 …………………… 92
さ	試薬の種類 …………… 57	接着剤付きスライドグラス
サーベイメーター … 192	試薬の調製 …………… 56	……………………… 135
再現性 …………… 49, 221	試薬の溶解 …………… 56	接着細胞 … 104, 106, 107

索引

切片 …………………… 128
セル …………………… 25
全ゲノム増幅手法 …… 70
洗浄 …………………… 12
全身麻酔 …………… 141
選択的な標識 ……… 156
阻害物質 ……………… 30
測定データ ………… 221
組織・抗原性の劣化 … 132
組織破砕法 ………… 127
疎水吸着 …………… 149

た

体外被曝 …………… 190
対照実験 …………… 217
体積計 ………………… 14
ダイターミネーター法 … 173
体内被曝 …………… 190
タグ標識 …………… 156
脱イオン水 ………… 180
脱パラフィン … 115, 116
タンパク質間相互作用 … 159
タンパク質測定法 … 166
タンパク質の固定 …… 33
タンパク質の総定量 … 31
タンパク質の定量 … 166
タンパク質の溶解 …… 58
タンパク質分解酵素 … 123
タンパク質溶解酵素 … 117
チップ ……………… 139
チップ型電気泳動 … 181

超遠心機 ……………… 22
超音波洗浄器 …… 12, 13
超純水 ……………… 180
データシート ………… 79
低温滅菌（消毒）法 … 83
低分子量タンパク質 … 46
定量的PCR ………… 124
テクニカルサポート … 79
デジタルデータ …… 225
デスポット ………… 137
電気泳動 …… 41, 43, 66
電極 …………………… 52
転写効率 ……………… 46
トーマ血球計算板 … 111
凍結標本 …………… 126
凍結防止剤 ………… 148
凍結融解 ……… 170, 200
凍結融解サイクル … 147
糖鎖 ………………… 154
等電点 ………………… 58
動物実験に関する法規 … 142
特殊用途用試薬 …… 57
毒物 ………………… 189
ドライアイス ……… 196
ドラフトチャンバー … 204
トラブルシューティングガイド ……………… 78
トリプシン処理 …… 105

な

生データ …………… 225

ニンヒドリン ……… 194
ニンヒドリン反応 … 195
ネガティブコントロール
 …………………… 73, 217
粘性物質 ……………… 49
ノートづくり ……… 216
ノトバイオート …… 140

は

バイオセイフティー … 199
バイオハザード …… 199
倍加時間 …………… 112
培地 …………………… 89
培養 …………………… 90
培養細胞 …… 108, 112
培養容器 …………… 107
バックアップ ……… 225
バックグラウンドノイズ
 ……………………… 44
バッファー ………… 51
パラフィン切片 …… 115
パラフィン切片の保存
 …………………… 128
パラフィンブロックの保存
 …………………… 128
パルスフィールド電気泳動
 ……………………… 42
番号管理 …………… 218
ビウレット法 ……… 166
ビオチン …………… 156
ビオチン化 ………… 156

ビオチン結合性タンパク質
　………………… 157
比色分析 ……………… 27
ビシンコニン酸法 … 166
微生物 ………………… 89
微生物酵素 …………… 92
非特異的結合 ………… 160
被曝 …………………… 190
標準セル ……………… 26
標線 …………………… 15
プライマー …………… 66
プラスチック ………… 19
プラスチック器具 …… 18
フリーザー …………… 201
フローチャート ……… 216
ブロッカー …………… 44
プロテインA ………… 151
プロテインG ………… 151
プロテインL ………… 152
プロトコール検索サイト
　………………………… 223
分液ロート …………… 187
分光光度計 ……… 25, 26
ペプチドの溶媒和 …… 60
ヘマトキシリン・エオシン
　（HE）染色 ………… 119
妨害物質 ……………… 166
防火責任者 …………… 202
胞子 …………………… 95
胞子形成能 …………… 95
放射線障害防止法 …… 191

放射線滅菌法 ………… 83
放射能 ………………… 191
母液 …………………… 49
ポジティブコントロール
　………………………… 217
ホット ………………… 193
ホットスタート ……… 66
ホフマイスター系列 … 59
ポリアクリルアミドゲル
　………………………… 41
ポンソー染色 ………… 46

ま

マイクロキャピラリー電気
　泳動 ………………… 181
マイクロセル ………… 26
マイクロビーズ ……… 149
マイクロピペット …… 49
マイクロプレート …… 149
マイコプラズマ ……… 113
膜タンパク質 ………… 64
麻酔 …………………… 141
マレイミド・ヒンジ法
　………………………… 153
ミクロトーム ………… 130
ミスマッチ塩基 ……… 68
ミセル ………………… 63
身だしなみ …………… 103
無菌室 ………………… 103
無菌操作 ……………… 103
無菌動物 ……………… 140

メスフラスコ ………… 14
滅菌 ……………… 16, 23
メニスカス …………… 15
免疫染色 ……………… 132
面だし ………………… 131

や

薬剤滅菌（消毒）法 … 83
有機溶媒 ………… 18, 186
有毒性物質 …………… 19
輸送 …………………… 196
陽性対照 ……………… 217
溶媒抽出 ……………… 187
溶媒和 ………………… 58
容量分析用標準物質 … 57

ら

ラベル ………………… 218
ランバート・ベールの法則
　………………………… 28
力価 …………………… 146
立体障害 ……………… 153
臨界ミセル濃度 ……… 63
冷却装置 ……………… 22
レクチン ……………… 157
連続切片 ………… 119, 129
ローター ………… 20, 21
ローリー法 …………… 166
濾過滅菌（消毒）法 … 83
ロット ………………… 146

執筆者一覧

■ 編　集
大藤 道衛　　東京テクニカルカレッジ・バイオテクノロジー科

■ 執筆者（五十音順）

秋山 好光　　東京医科歯科大学大学院医歯学総合研究科
　　　　　　　（Case 43 〜 51, Column 5）

大藤 道衛　　東京テクニカルカレッジ・バイオテクノロジー科
　　　　　　　（Case 19, 27, 31, 42, 63, 65, 67, 68, 77, 80, 85, Column 1, 9, 付録）

佐藤 成美　　国際学院埼玉短期大学健康栄養学科
　　　　　　　（Case 01 〜 08, 18, 20, 37 〜 41, 52 〜 54, 61, 69 〜 73, 75, 76, 79, 81 〜 83, Column 2, 6）

篠山 浩文　　明星大学造形芸術学部
　　　　　　　（Case 34 〜 36, Column 3, 4）

須田　亙　　千葉大学大学院園芸学研究科
　　　　　　　（Case 12 〜 14, 23 〜 26, 32, 33, 62, 64, 66）

丹生谷 博　　東京農工大学遺伝子実験施設
　　　　　　　（Column 10, 11）

萬代 知哉　　テクノケミカル株式会社営業部学術課
　　　　　　　（Case 09 〜 11, 15 〜 17, 21, 22, 28 〜 30, 55 〜 60, 74, 78, 84, Column 7, 8）

＊（　）内は執筆分担

編者プロフィール

大藤道衛（おおとう みちえい）

東京テクニカルカレッジ・バイオテクノロジー科講師．
1980年千葉大学園芸学部農芸化学科卒業，医学博士（東京医科歯科大学医学部）．製薬企業勤務の後，現職（東京農工大学農学府非常勤講師・工学院大学工学部非常勤講師）．

◆研究分野：DNA診断技術の開発・改良，遺伝子教育教材開発と普及．電気泳動を活用した変異・多型解析などDNA診断にかかわる分析技術の開発改良を行うとともに，バイオの基礎技術を学ぶための教材開発を行っています．また，専門外の方々に生命科学・バイオ技術の基本を理解していただくため遺伝子リテラシー教育にも取り組んでおります．

◆趣味：スキー，パソコン

◆主な著書：『最適な実験を行うためのバイオ実験の原理』（著，羊土社，2006），『電気泳動なるほどQ&A』（編著，羊土社，2005），『これからのバイオインフォマティクスのためのバイオ実験入門』（編著，羊土社，2002），『バイオ実験トラブル解決超基本Q&A』（著，羊土社，2002），『バイオ実験超基本Q&A』（著，羊土社，2001），『Clinical Applications of Capillary Electrophoresis』（分担執筆，Humana Press，1999），他．

バイオ実験 誰もがつまずく失敗&ナットク解決法

2008年 7月 5日 第1刷発行

編 集	大藤道衛
発行人	一戸裕子
発行所	株式会社 羊 土 社
	〒101-0052
	東京都千代田区神田小川町2-5-1
	TEL 03 (5282) 1211
	FAX 03 (5282) 1212
	E-mail eigyo@yodosha.co.jp
	URL http://www.yodosha.co.jp/
装 幀	若林繁裕
印刷所	広研印刷株式会社

ISBN978-4-7581-0727-3

本書の複写権・複製権・転載権・翻訳権・データベースへの取り込みおよび送信（送信可能化権を含む）・上映権・譲渡権は，（株）羊土社が保有します．

JCLS <（株）日本著作出版管理システム委託出版物> 本書の無断複写は著作権法上での例外を除き禁じられています．複写される場合は，そのつど事前に（株）日本著作出版管理システム（TEL 03-3817-5670, FAX 03-3815-8199）の許諾を得てください．

大藤道衛先生の好評既刊

バイオ実験にかかわる全ての「超基本」にこたえるQ&Aシリーズ

意外に知らない，いまさら聞けない
バイオ実験 超基本Q&A

大藤道衛／著

バイオ実験の全ての「超基本」をQ&A方式でまとめたベストセラー！実験初心者にも，基礎から見直したい方にも「超」オススメ！ゲノム関連用語解説も必読です．

- 定価（本体3,200円＋税） ■ A5判 ■ 254頁
- ISBN978-4-89706-659-2

バイオ実験 トラブル解決 超基本Q&A

大藤道衛／著

実験トラブル解決110番！トラブルへの対処法を具体例で解説．「なぜ失敗したのだろう？」「どうやって解決したらいいの？」そんなとっさの事態にお答えします！

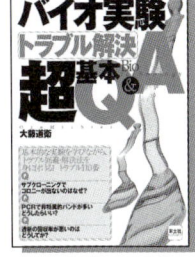

- 定価（本体3,800円＋税） ■ A5判 ■ 247頁
- ISBN978-4-89706-276-1

原理がわかれば実験のコツがわかる！
最適な実験を行うための バイオ実験の原理

分子生物学的・化学的・物理的原理にもとづいたバイオ実験の実践的な考え方

大藤道衛／著

なぜ，あなたの実験はうまくいかないのか…原理がわかって納得の目からウロコのバイオ実験入門書！

- 定価（本体3,800円＋税） ■ B5判 ■ 227頁
- ISBN978-4-7581-0803-4

生物学初心者にもよくわかる！
これからの バイオインフォマティクスのための バイオ実験入門

実験の原理から理解するバイオの基礎

高木利久／監
大藤道衛，高井貴子／編

バイオインフォマティクスで一歩進んだ解析を行いたい人は必読！実験の流れがわかる体験プロトコール付き！

- 定価（本体4,700円＋税） ■ B5判 ■ 221頁
- ISBN978-4-89706-285-3

発行 羊土社 YODOSHA

〒101-0052 東京都千代田区神田小川町2-5-1 TEL 03(5282)1211 FAX 03(5282)1212
E-mail : eigyo@yodosha.co.jp
URL : http://www.yodosha.co.jp

ご注文は最寄りの書店，または小社営業部まで

研究を強力サポート！ 羊土社オススメ書籍

なぜ書く？ どう書く？ がやっとわかる

理系なら知っておきたい
ラボノートの書き方

岡崎康司
隅藏康一／編

実例とポイントで一目瞭然！

研究現場で遭遇するあらゆるシチュエーションを網羅！ なぜ書くのか理由がわかるから，自分にあった書き方の判断がつきます．

- 定価（本体 2,500円＋税）
- B5判
- 134頁
- ISBN978-4-7581-0719-8

生命科学のための統計解析入門書！

パソコンで簡単！
すぐできる 生物統計

統計学の考え方から
統計解析ソフトSPSSの使い方まで

打波　守，野地澄晴／訳

生命科学の統計解析に必要な基本的知識を身近な例で解説！ 実際の検定方法も統計ソフトSPSSの画面を見ながら理解！ 自分の実験にあった統計的検定を選べるフローチャートつき！

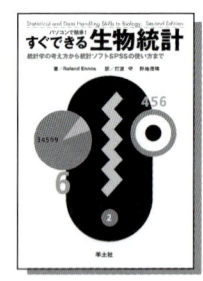

- 定価（本体 3,200円＋税）
- B5判
- 263頁
- ISBN978-4-7581-0716-7

曖昧だった文法もこの一冊ですっきり！

ライフサイエンス
論文作成のための
英文法

河本　健／編
ライフサイエンス辞書プロジェクト／監

約3,000万語の論文データベースを徹底分析！ 論文頻出の文法が一目でわかる． 前置詞の使い分けなど重要表現も多数収録．

- 定価（本体3,800円＋税）
- B6判
- 294頁
- ISBN978-4-7581-0836-2

基本から先端までよくわかる用語辞典

最新 生命科学
キーワードブック

野島　博／著

図が豊富！ 索引充実！

初学者から研究者まで役立つ辞典！ 大好評書『遺伝子工学キーワードブック』の姉妹版！

- 定価（本体5,800円＋税）
- A5判
- 379頁
- ISBN978-4-7581-0714-3

発行　**羊土社 YODOSHA**　〒101-0052 東京都千代田区神田小川町2-5-1　TEL 03(5282)1211　FAX 03(5282)1212
E-mail：eigyo@yodosha.co.jp
URL：http://www.yodosha.co.jp/

ご注文は最寄りの書店，または小社営業部まで